スッキリ！がってん！

# 風力発電の本

箕田　充志・原　豊・上代　良文［著］

電気書院

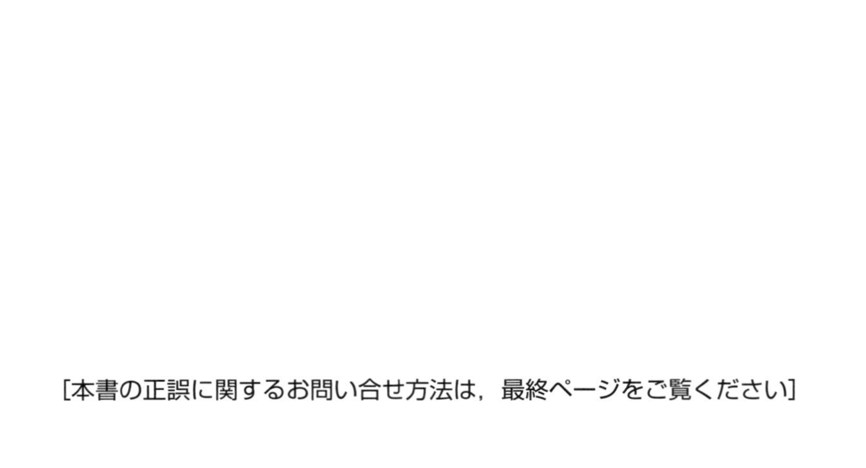

[本書の正誤に関するお問い合せ方法は，最終ページをご覧ください]

# はじめに

風力は世界中で古くから利用されており，その技術は日々進歩している．特に近年では，二酸化炭素を排出しないクリーンな電気エネルギー供給の観点から風力発電が注目されている．世界的には，風力発電の導入量は欧米や中国を中心に拡大を続けており，主力電源の1つとみなされるようになってきた．日本国内でも，大形の風力発電機は珍しいものではない程度に普及してきたが，世界と比べるとだいぶ遅れているのが現状である．

そのような折，風力に興味を抱いた方たちにわかりやすく，その魅力を伝える本を出版する話を頂いた．多くの文献などを活用し，図や絵，入手しにくい写真などを集めて紹介することで，できる限り読みやすい説明を心がけて執筆を始めた．そのため，本書は，高校生程度の一般の方を対象としている．最初は，数式も一切使用しないで，わかりやすい説明をすることを考えたが，本書のタイトルにあるように，「スッキリ！がってん！」というように，読者にしっかりと理解をしてもらうためには，数式を使った方がわかりやすいと考えた．そのため，風車の理論的な事柄に関する部分では，やや数式が多くなったが，高校生程度の数学や物理の知識があれば，理解できる範囲にしたつもりである．少し程度が高いと思われた部分については，巻末の付録で詳しく述べた．

本書は，電気の専門家，風車工学の専門家，流体の専門家である3名の著者が，それぞれの専門知識を活用して基本的には分担して執筆をしたが，多くの部分で，お互いに意見を出し合い，専門知識をもたない読者にとってわかりにくい表現などを修正したことも

1つの特徴である．

1編においては，はじめに，エネルギーの一般的説明をして，再生可能エネルギーを含む現状のエネルギー資源を概観した．その後に，風の特性を述べ，風力利用・風力発電の歴史を簡単に記述した．2編では，風力発電の基礎について，実際の風力発電機の内部写真も示しながら仕組みや分類を述べた．また，風車の効率や年間発電量の推定方法および発電原理や風車の回る原理について，多少詳しく記述した．3編では，風力発電の問題や現状の課題についてまとめた．特に日本における特有な問題の一つである雷害については詳しく述べた．それから，風車の今後の発展の方向をいくつか例を挙げて考えてみた．最後には，本書の特色の1つでもあるが，著者らの行っている事柄を中心として，風車に関する研究や教育の紹介をした．国内の多くの機関や民間のボランティア活動等においても，様々な形による風力発電に関する教育や啓蒙活動が行われているが，日本国内における風力発電の導入や技術開発を進めていく上で，教育や啓蒙活動は今後ますます重要になると考えられる．

本書で，風力に関する歴史や力学的知識および発電システム等を学んでいくうちに，風力発電への理解が一層深まると思う．一方，風力に関する技術開発が全世界で進められているため，多くの躍進した技術があり，筆者らの浅学な知識による記述では不十分であり，語弊があるかもしれない．ともあれ，本書が多くの読者にとって，今後のエネルギー社会を考えるきっかけとなることを願っている．

2018年8月　著者記す

# 目　次

# 3 風力発電の応用・未来

# 1 風力発電ってなあに

## 1.1　エネルギー量

### (i)　エネルギー利用

エネルギーは「仕事をする能力」を示す．人々が活動する過程で，各種エネルギーの消費量は増大する．言い換えれば，エネルギーを消費することで文明レベルが向上し，便利になることを表している．

現在，世界においては人口が増大し，エネルギー需要はさらに増加すると予想される．一方，エネルギーの消費量に関連して，環境汚染など深刻な問題も発生している．これらは，3Eのトリレンマとして知られている[1]．3つのEとは，経済の発展（Economy）と，エネルギー資源の確保（Energy），そして環境保全（Environment）である．

トリレンマは独立した3つの目標がお互いに相反することを意味する．たとえば，エネルギー消費が増えれば，環境保全を困難にする．環境保全に費用をかければ経済に影響を与える．

それぞれ単独で考えれば，人々の目指す方向は一致するかもしれない．しかしながら，「経済発展」と「エネルギー資源の確保」，そして「環境保全」を同時に達成することは困難である．最終的には，それぞれの最適なバランスを見出し，人類が持続して生活することに落ち着くと考えられる．

「エネルギー資源の確保」の視点から3Eについて考えてみる．「環境保全」は，化石燃料などのエネルギー資源を大量に利用すればするほど困難となる．また，一度ダメージを与えられた環境の修復においては，それ以上のエネルギーを必要とする．

「経済発展」は，様々な物の生産・消費によって支えられており，多くのエネルギーを必要とする．もしコストのかからないエネルギーが無限にあれば，「エネルギー資源の確保」以外の，2つのEは解決するかもしれない．このことから，持続可能な社会を創り人類が発展するには，エネルギー問題を解決することが最も近道であると思われる．

加えて，人類がエネルギーを利用する際，安全確保（Safety）も念頭におく必要がある．これら3E＋Sの考えが，我が国のエネルギー政策を決定するうえで重要となる[2]．

### (ii) 現代社会におけるエネルギー

人類が使うエネルギーの形態は様々である．しかしながら，現代において人間にとって最も使いやすいエネルギーは電気である．このため，熱源，動力源，照明，計測制御，情報通信など様々な分野において電気エネルギーが利用されている．

電気エネルギーを他のエネルギーと比較するといくつかの特長がある．末端で人々が利用する電気エネルギーは，騒音や汚れもなくクリーンなものである．また，電線などによってエネルギーを高速に伝送することができる．さらに，スイッチ一つでON-OFFが簡単にできる．

身の回りにある製品を見ると，コンピュータやタブレットなどに代表されるように，様々なところで電気を使っていることがわかる．現代の生活においては，電気を使っていない製品を探す方が難しく，私たちは日常生活で何かと電気エネルギーを利用した器具を利用していることに気付く．たとえば，自動ドアやエレベータなどが開発され，人々を手助けしてくれるようになった．電動車いすや病人の介護をしてくれる装置も開発されている．

コンピュータなど，電気エネルギー（電気信号）の利用が必須となる場合はもちろんであるが，他の手法で可能な場合でも，電気を使うと生活がより便利で快適なものになる．

### ⅲ　エネルギー形態

人類が利用しやすいエネルギーの形態は電気エネルギーであることを述べたが，残念ながら自然界には電気エネルギーの形で存在するものはごくわずかである．自然界に存在する電気エネルギーは雷や静電気が代表的なものとなる．しかしながら，人類がこれらをコントロールして利用することはできない．

我々が利用でき，身の回りに存在するエネルギーを大きく分類すると，運動エネルギーや位置エネルギーを総称した力学エネルギー，熱エネルギー，光エネルギー，化学エネルギーなどである．

### ⅳ　エネルギー変換

自然界における力学エネルギーは，本書で紹介する風（空気の流れ）や潮流，波などの運動エネルギーや，雨や雪，高いところにある水などの位置エネルギーなどが挙げられる．このとき，エネルギーが貯えられる物質は空気や水などである．

一方，我々が得ることのできるエネルギーには，「エネルギーの保存則」が成り立つ．エネルギー保存則は，エネルギーの形態が変化しても変化前と後で同じ大きさであることを意味する．

一般的に目にする力学エネルギーの保存則は，式(1)に示すように，位置エネルギーと運動エネルギーの関係で表すことができる．流体が関係すると，圧力の要素も含むため複雑になることから，ここでは説明のため省略する．

$$E = \frac{1}{2}mv^2 + mgh = 一定 \tag{1}$$

$m$：運動している物体の質量

$v$：運動している物体の速度

$g$：重力加速度

$h$：高さ

式(1)の最初の項は，速度が関係しており$\frac{1}{2}mv^2$という運動エネルギーを表す．次の項は，重力加速度が関係しており$mgh$は位置エネルギーとして示される．この現象は運動エネルギーと位置エネルギーの総和が同じであるため，運動エネルギーと位置エネルギーの間で，エネルギーの変換が可能であることを意味する．

力学エネルギー以外にも，エネルギー保存則が成り立つ．たとえば，熱エネルギーについて考えてみると，1気圧のとき，水1 gを1 ℃上昇させるのに必要な熱量は，理科や物理で学習した通り，カロリー(cal)で表すことができる．

また，1 cal＝約4.19 Jに換算することができる．J(ジュール)は，1 Nの力で1 m動かすのに必要な仕事として定義される．数式だけを見ていると，物理的現象が見えにくくなるが，「熱量と仕事が等価変換できる」という変換過程を意味している．

次に，Ws(ワット秒)(電力量)は，電圧1 Vで電流1 Aの電気が1秒間に行う仕事を示す．1 J＝1 Wsであるので，力学または熱による仕事が電気に等価変換できることを意味している．単位変換(等号「＝」は変換可能であることを示す)ができることから，全ての「エネルギー」は電気に変換することができるといえる．なお，電力量は大きな値となるので，実際にはkWh（キロワット時）で表されていることが多い（1 h＝3 600 s）．

このように電気エネルギーは，各種エネルギーから作り出すことができるという結論に至るが，エネルギーの変換過程で必ず損失が発生する．このことから，実際には効率よくエネルギーを変換できる装置が必要となる．多くの運動では，仕事は摩擦などによって最終的に物体の温度を上昇させるために使われる．エネルギー保存の法則は，力学的エネルギーと熱エネルギーを含めて成立する．

#### (v)　各種エネルギー資源

人類はこれまでエネルギーを利用して文明を発展させてきた．図1・1に示すように，時代の移り変わりとともに利用するエネルギー源は異なる．

人類が狩猟から農作へと生活を変えた遥か昔には，水力や木材が利用されてきた．近代に移ると蒸気機関の発明と共に産業革命において石炭が利用され始めた．さらにエネルギー資源に石油を用いるようになると，現代社会の基盤となるインフラや機器，飛行機や自動車など多数のシステムが急激に発展した．

しかしながら，石油に依存した社会では，国際的な要因でエネルギーが遮断されうる．1973年にはオイルショックが発生し各国に大きな影響を与えた．これにより石油依存の社会から脱却するためにエネルギーの多様性が求められるようになった．

一方，化石燃料を用いると$CO_2$が発生し環境負荷が増大する．図1・2に示すように，$CO_2$の排出量は年々増加傾向にある．図1・2のグラフでは，例えば2013年には全世界で329億トン排出されており，アメリカ52億トン，カナダ4億トン，日本12億トン，その他の国102トンになっている．$CO_2$を発生させないエネルギー資源の

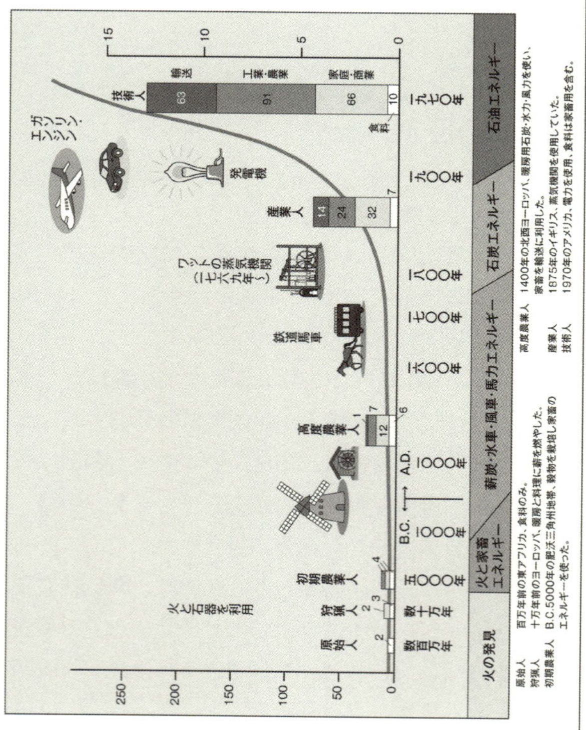


［出典］ 原子力・エネルギー図面集2016（1-1-1）

**図1・1　人類とエネルギーのかかわり**

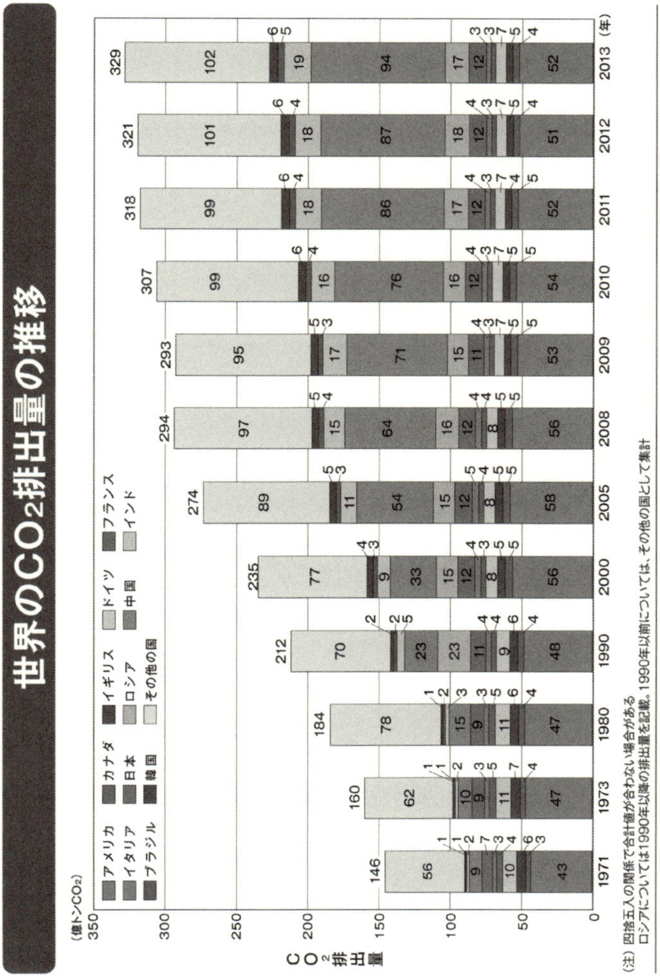

## 世界の$CO_2$排出量の推移

(億トン$CO_2$)

$CO_2$排出量

アメリカ　カナダ　イギリス　ドイツ　フランス
イタリア　日本　ロシア　中国　インド
ブラジル　韓国　その他の国

| 年 | 1971 | 1973 | 1980 | 1990 | 2000 | 2005 | 2008 | 2009 | 2010 | 2011 | 2012 | 2013 |
|---|---|---|---|---|---|---|---|---|---|---|---|---|
| 合計 | 146 | 160 | 184 | 212 | 235 | 274 | 294 | 293 | 307 | 318 | 321 | 329 |

(注) 四捨五入の関係で合計値が合わない場合がある
ロシアについては1990年以降の排出量を記載。1990年以前については、その他の国として集計

［出典］　原子力・エネルギー図面集2016（2-1-4）

図1・2　世界の$CO_2$排出量

一つとして原子力エネルギーが用いられてきた．しかしながら，わが国では2011年の東日本大震災に伴う原子力発電所の事故の影響で，現在，原子力発電はわずかな割合となっている．

その代替として再生可能な自然エネルギーの利用が叫ばれている．しかしながら現時点では，エネルギー密度が低く不安定という解決すべき課題がある．

エネルギーを分類すると，エネルギーを生み出す石油や石炭，風力などは1次エネルギーと定義される．また，電気として利用されるエネルギーは2次エネルギーとして扱われる．

1次エネルギーは石油や原子力で用いられるウランのように採掘し，人類が消費することで埋蔵量に減少が見られる枯渇型エネルギー資源と，太陽や風の力など，人類が消費しても数百年単位で減少が見られない再生可能エネルギー（Renewable energy）資源に分類される．再生可能エネルギーは人類が生存する過程で，ほぼ無限にあるエネルギーとして考えることができる．その代表は，太陽エネルギー，風力エネルギー，水力エネルギーである．

この中で，風力は太古から多くの箇所で利用されており，近年ではさらに風力を効果的に活用する技術開発が進んでいる．

我々の生活を豊かにしてくれた1次エネルギーは，多様な形態で存在する．電気エネルギーを作り出す主要な資源は，石油，石炭，天然ガス，ウランなどの核燃料および水力である．化石燃料や核燃料は枯渇型エネルギー資源であるため，埋蔵量の減少や環境保全の観点から，再生可能エネルギー資源の利用が強く求められている．

空に目を向けると太陽光・太陽熱や風力，地上では地熱やバイオマス，海における波力，潮力，海洋温度差の利用などが，次世代の再生可能エネルギー資源候補として考えられている．現在その多く

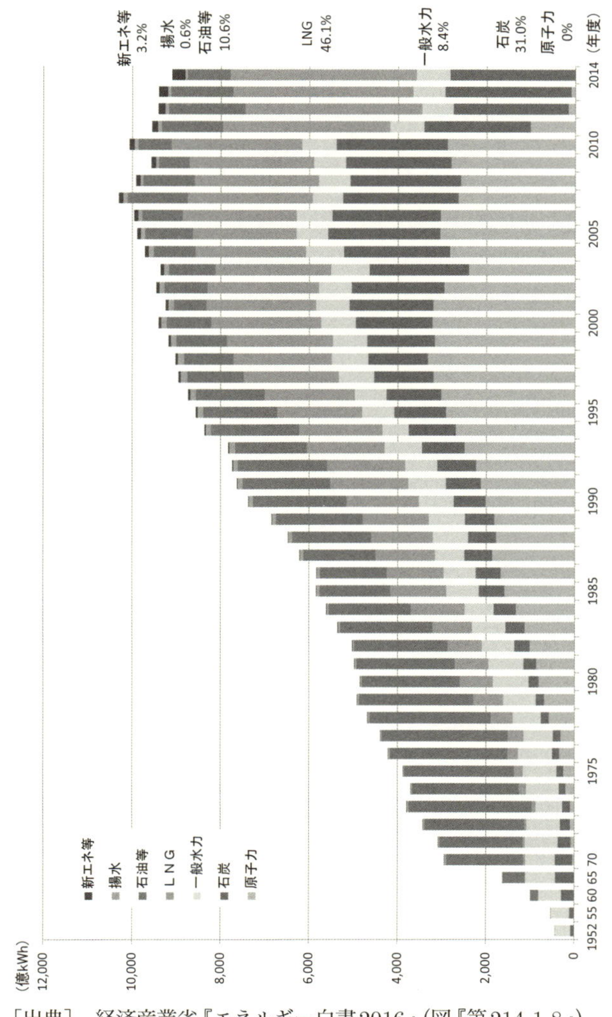


［出典］ 経済産業省『エネルギー白書2016』（図『第214-1-8』）

**図1・3　電力量の推移**

は小規模の活用であり，将来的には再生可能エネルギーの大規模導入が期待されている．

図1・3に我が国の電力量の推移を示す．原子力発電の利用が減少した2011年以降は，火力発電に大きく依存している．そのため$CO_2$発生による環境負荷は大きい．一方，環境に優しい再生可能エネルギーを含む新エネルギー（本書では，従来の水力・火力・原子力以外のエネルギーを示す）の割合は未だ数%と小さいことから，環境負荷低減に資する発電方法が望まれる．地球温暖化に対する国際的な対策として2015年12月にパリ協定が採択された．世界的に脱炭素化社会に向けて動き出している．

また，図1・4に各種発電によるライフサイクル$CO_2$排出量を示す．全体的に発電所建設時や燃料の輸送において$CO_2$が発生するが，火力発電以外は発電時に燃料を燃焼させないため$CO_2$を抑制することができる．図1・5に各種発電システムにおける発電コストを示す．新エネルギーを用いた発電システムは現在コスト高であるが，設備容量が増えるにつれ，コストの減少が期待できる．

### (vi)　各種発電

#### (1)　水力発電

水の力を利用して発電機を回す回転力を得る発電は水力発電と呼ばれ，多くは山の中を流れる川を利用している．水力発電所もその近くに建設されている．水力発電は，水の位置エネルギー（重力を利用したエネルギー）を用いる．雨が主なエネルギー源となる．雨は再生可能であり，公害を発生しない地球にやさしいエネルギー源である．最も注目したい点は，国産エネルギーであり一定量が期待できることにある．しかしながら，天候に左右されやすい欠点がある．

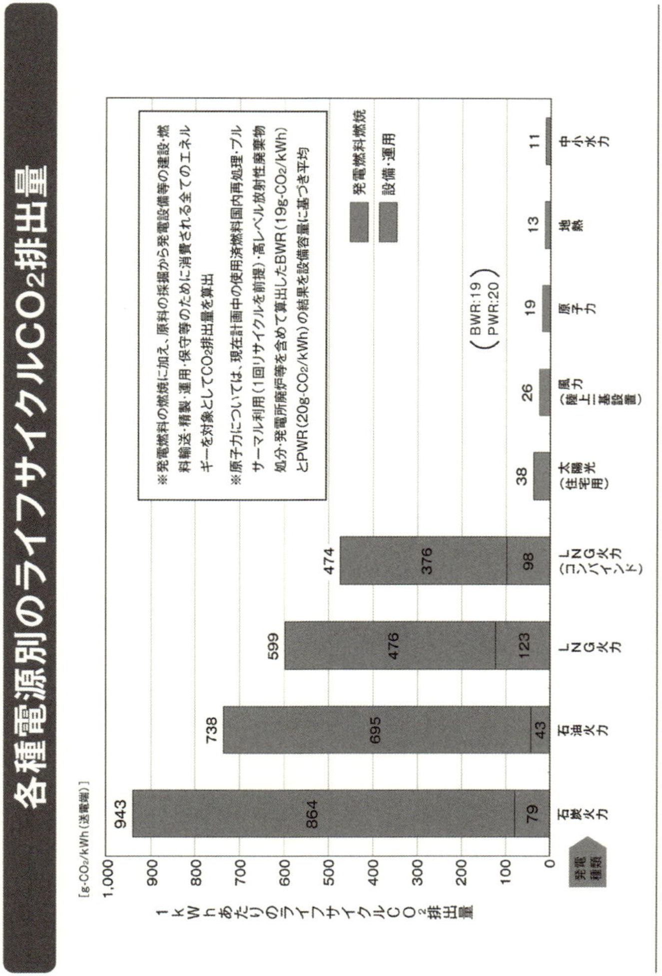

各種電源別のライフサイクル$CO_2$排出量

[g-$CO_2$/kWh（送電端）]

1kWhあたりのライフサイクル$CO_2$排出量

1,000
900
800
700
600
500
400
300
200
100
0

発電種類

石炭火力 943（864 / 79）
石油火力 738（695 / 43）
LNG火力 599（476 / 123）
LNG火力（コンバインド） 474（376 / 98）
太陽光（住宅用） 38
風力（陸上一基設置） 26
原子力 19 （BWR:19 PWR:20）
地熱 13
中小水力 11

発電燃料燃焼
設備・運用

※発電燃料の燃焼に加え、原料の採掘から発電設備等の建設・燃料輸送・精製・運用・保守等のために消費される全てのエネルギーを対象として$CO_2$排出量を算出

※原子力については、現在計画中の使用済燃料国内再処理・プルサーマル利用（1回リサイクルを前提）・高レベル放射性廃棄物処分・発電所廃炉等を含めて算出したBWR（19g-$CO_2$/kWh）とPWR（20g-$CO_2$/kWh）の結果を設備容量に基づき平均

［出典］ 原子力・エネルギー図面集2016（2-1-9）

図1・4 ライフサイクル$CO_2$排出量

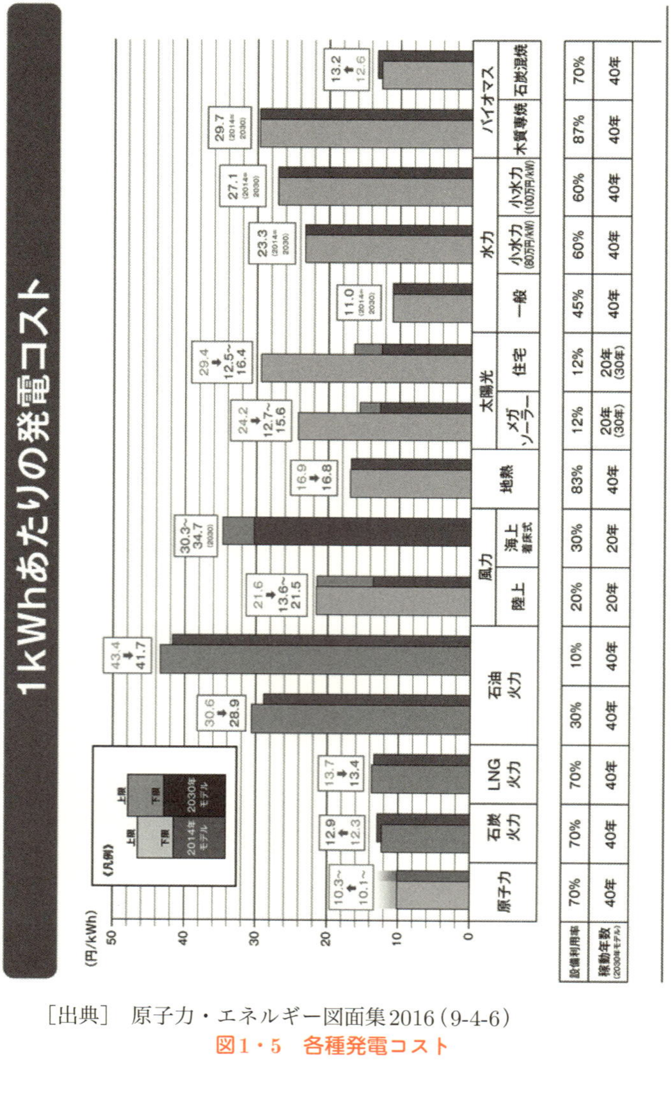

1kWhあたりの発電コスト

(円/kWh)

《凡例》 上限 下限 2014年モデル / 上限 下限 2030年モデル

| 電源 | 原子力 | 石炭火力 | LNG火力 | 石油火力 | | 風力 陸上 | 風力 海上着床式 | 地熱 | 太陽光 メガソーラー | 太陽光 住宅 | 水力 一般 | 水力 小水力(80万円/kW) | 水力 小水力(100万円/kW) | バイオマス 木質専焼 | バイオマス 石炭混焼 |
|---|---|---|---|---|---|---|---|---|---|---|---|---|---|---|---|
| 発電コスト | 10.3～ ⬆ 10.1～ | 12.9 ⬆ 12.3 | 13.7 ⬇ 13.4 | 30.6 ⬇ 28.9 | 43.4 ⬇ 41.7 | 21.6 ⬇ 13.6～21.5 | 30.3～34.7 (2030) | 16.9 ⬇ 16.8 | 24.2 ⬇ 12.7～15.6 | 29.4 ⬇ 12.5～16.4 | 11.0 (2014＝2030) | 23.3 (2014＝2030) | 27.1 (2014＝2030) | 29.7 (2014＝2030) | 13.2 ⬆ 12.6 |
| 設備利用率 | 70% | 70% | 70% | 30% | 10% | 20% | 30% | 83% | 12% | 12% | 45% | 60% | 60% | 87% | 70% |
| 稼動年数(2030年モデル) | 40年 | 40年 | 40年 | 40年 | 40年 | 20年 | 20年 | 40年 | 20年(30年) | 20年(30年) | 40年 | 40年 | 40年 | 40年 | 40年 |

［出典］　原子力・エネルギー図面集2016（9-4-6）

図1・5　各種発電コスト

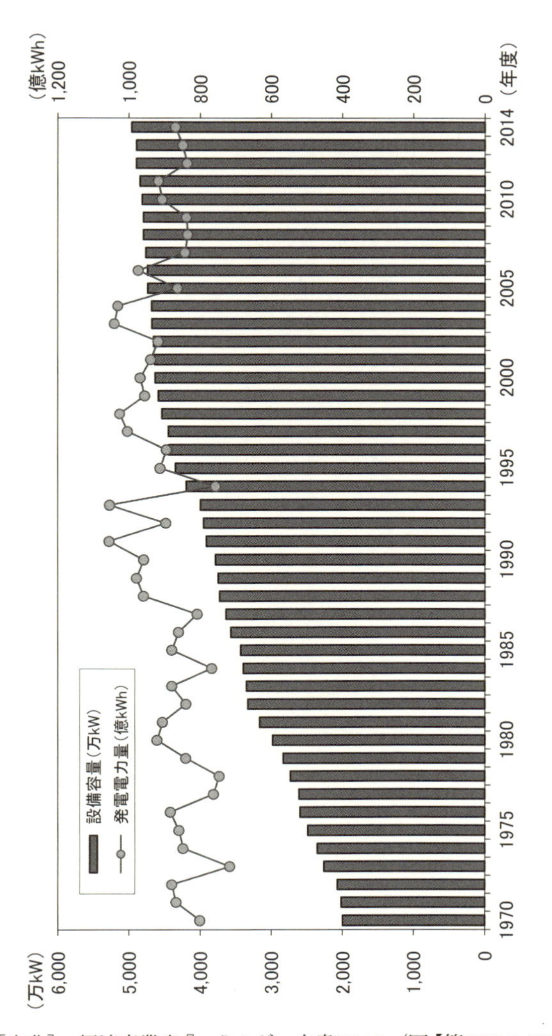


［出典］ 経済産業省『エネルギー白書2016』(図【第213-2-18】)

**図1・6 日本の水力発電設備容量及び発電電力量の推移**

地球における水の循環過程は次の通りである．太陽熱によって蒸発した水の一部が雲となり雨や雪となり地表に戻る．大半は山や陸地において河川で流れ海に流出する．一部は植物に吸収され，その他は地下に潜り地下水として貯えられる．現在，地球上の水資源の97 %は海水であり淡水は数%である．万年雪や氷河の形態をとることもあるため，湖や川に存在する淡水は1 %程度である．人類がエネルギー資源として利用できる水は，その地域の雨量に依存する．オイルショック以前は，日本では発電電力の多くを国産エネルギーで賄ってきた．図1・6に我が国における水力発電の設備容量を示す．設備容量は年々増加しているが，人々が使用する電力量が著しく増大したため，水力以外の発電方法が躍進し，水力発電による発電割合は現在数%まで低下している．しかしながら，地球環境保全の観点から見直されつつある．

⑵　火力発電

熱の力を利用して発電機を回す回転力を得る発電は火力発電と呼ばれる．石炭や石油，LNG（液化天然ガス）などを燃やして得た熱を利用し水蒸気を作り出す．この蒸気が膨張する力でタービンを回し発電する．水蒸気は非常に大きな熱エネルギーを有する．発電の際，熱エネルギーを伝達する水は，「水→蒸気→過熱蒸気（水分を含まない蒸気）→水」へと状態を変化させる．蒸気を水に戻すときに多くの冷却水を必要とするため火力発電所は海の近くにある．なお，蒸気を水に戻すことは熱エネルギーを捨てることを意味する．そこで，その一部を温水などの熱源として再利用することで利用効率を向上させている．

化石燃料は，石炭，石油，天然ガスに代表されている．化石燃料の供給として，図1・7に石炭供給量，図1・8に原油供給量，図1・9にLNG供給量の推移を示す．2014年度現在，我が国はその多くを

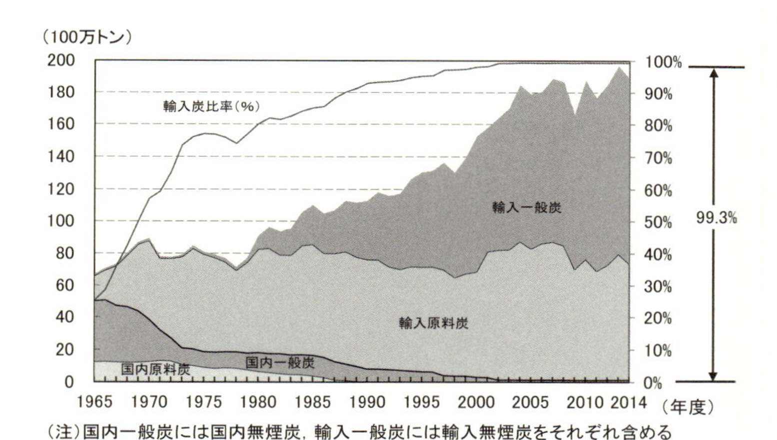


［出典］　経済産業省『エネルギー白書2016』(図【第213-1-19】)

図1・7　石炭供給量の推移

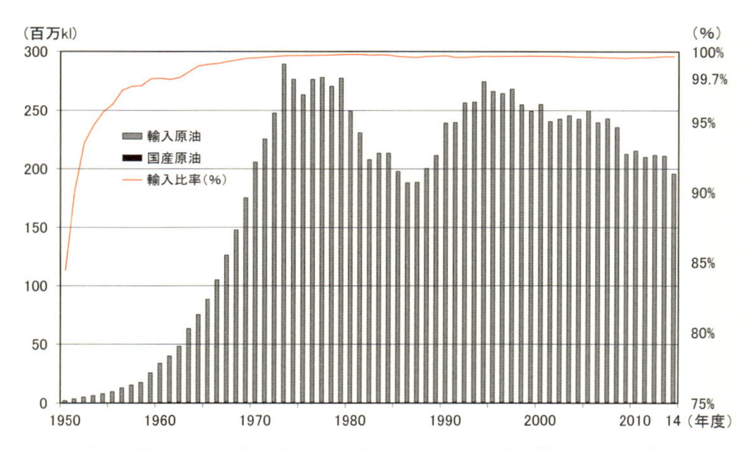


［出典］　経済産業省『エネルギー白書2016』(図【第213-1-2】)

図1・8　原油供給量の推移

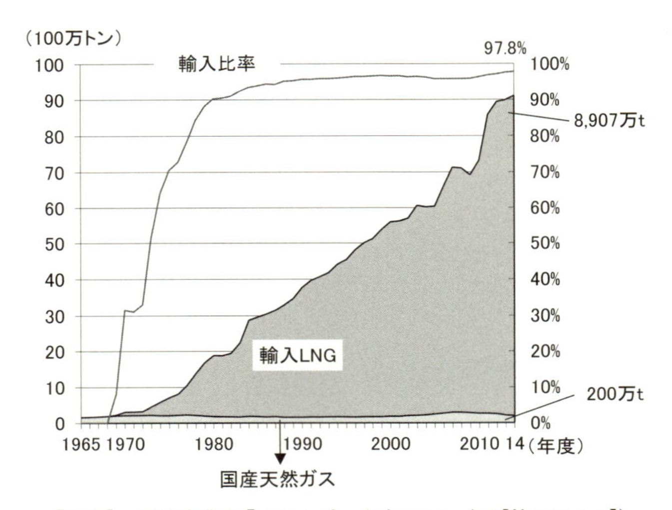


［出典］ 経済産業省『エネルギー白書2016』(図【第213-1-8】)

図1・9 天然ガスの供給量

表1・1 石炭の成分比と発熱量[3]

| 種類 | 成分[%] | | | | | | | 発熱量 kcal/kg |
|---|---|---|---|---|---|---|---|---|
| | C | H | O | S | N | 灰分 | 水分 | |
| 無煙炭 | 79.61 | 1.51 | 1.32 | 0.42 | 0.43 | 13.21 | 3.50 | 6,920～6,810 |
| 歴青炭 | 62.25 | 4.74 | 11.84 | 2.24 | 1.26 | 16.80 | 0.87 | 6,190～5,930 |
| 褐炭 | 52.79 | 4.77 | 14.58 | 0.58 | 0.90 | 8.66 | 17.72 | 5,220～4,890 |

輸入に頼っていることがわかる(図1・8において，国産原油を示す部分は少量すぎてほとんど見えない)．特に，原油に関しては輸入国の国際的動向によって大きなリスクを抱えることから，輸入割合を減らし他のエネルギー資源へシフトする必要がある．石炭は先に述べたよ

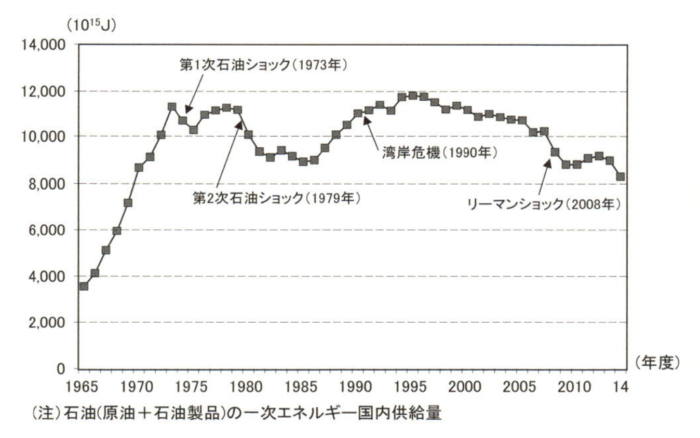


［出典］　経済産業省『エネルギー白書2016』(図【第213-1-1】)

**図1・10　日本の石油供給量の推移**

うに産業革命の時代以降多く用いられてきた．石炭は，炭化度の低い泥炭から亜炭，褐炭，瀝青炭，無煙炭などに分類される．石炭の成分は，炭素，水素，酸素，窒素，硫黄，水分などで構成されており，それぞれの発熱量は表1・1の通りである[3]．

石油は太古の生物から長い年月をかけ作り出された化石燃料である．約3億5 000万年前ごろから形成されたといわれており，多くは中東やアメリカ，ロシアなどで産出される．利用できる埋蔵量は数十年程度と言われて久しいが，新たな油田を発見する調査技術の向上や油田を掘るボーリング技術の発展により利用可能な埋蔵量は年々伸びている．

しかし，地球規模での石油消費量が増大し，出荷制限や価格高騰により経済的に不安定なエネルギー源になりつつある．石油の代替化石燃料としての天然ガス利用技術も向上している．近年では，メタンハイドレートと呼ばれる固体燃料も注目されている．

図1・10に我が国の石油供給量の推移を示す．第一次オイルショックまで供給量は右肩上がりであった．オイルショックを経験し，エネルギー安定供給の観点から一つのエネルギー資源に偏る状態のリスクは大きいことが顕著となった．そのため，現在は石油依存から脱却し，複数のエネルギー資源を用いる政策がとられている．

(3)　原子力発電

原子の力を利用して発電機を回す回転力を得る発電は，原子力発電と呼ばれる．主に，核分裂（Nuclear fission）による熱エネルギーを利用している．核エネルギーを産業に利用する技術は比較的新しく，第二次世界大戦後である．現在の商用ベースの原子力発電では燃料にウラン235を用いている．原子力発電は，アインシュタインが唱えた相対性理論を応用しておりエネルギーは式(2)で示される．

$$E = mc^2 \tag{2}$$

ここで，$E$[J]はエネルギー，$m$[kg]は質量，$c$[m/s]は真空中の光の速さを表している．式(2)を簡単に説明すると「質量はエネルギーである」ことを意味している．原子力発電はウランが核分裂し質量が減ったとき（質量欠損）に発生する熱エネルギーで，水を蒸気に変え発電している．蒸気を利用していることから，原子の力を使う以外は火力発電と同じ仕組みである．

一方，原子力発電における燃料のエネルギー密度は大きく，ウラン1 gから発生するエネルギーは石炭約3トン分の熱量に相当する．そのため，純国産エネルギーとして長期間貯蔵できること，輸送におけるコストも大幅に低減できる利点がある．

ウラン235に中性子が衝突すると，吸収して核分裂が発生する．その際，2～3個の中性子も同時に放出する．放出された中性子は他のウランに衝突し核分裂反応が連続的に発生し（この現象を連鎖反応という）エネルギーを供給する．原子力発電では，核分裂反応を制御してゆっくり起こすことで熱を少しずつ取り出す．中性子が衝突しなければ核分裂が起こらないため，核分裂の制御には中性子を吸収する制御棒を利用している．

なお，核分裂の際，放射線が放出される．原子力発電では，放射線を遮へいするために原子炉をコンクリートで厚く覆う必要がある．

⑷　再生可能エネルギー

自然界には太陽の光や熱，雨，風，海では波や潮流など多くのエネルギー源が存在する．しかしながら，自然の力を利用して大きな電気エネルギーをつくることは技術的に難しく，これまであまり普及していなかった．

その理由の一つは，自然エネルギーのエネルギー密度が他のエネルギーと比べ小さいことである．原子力や火力発電と比較して，同じだけの電気をつくるためには大きな面積（数百倍や数千倍以上）が必要になる．

一方，エネルギー源という観点から自然エネルギーを地球規模で考えると，自然は大きなエネルギーを保有している．

近年，太陽光発電や風力発電などの，再生可能エネルギーの活用を促進させるため，表1・2に示すように，一定の利潤を得て運用できる買取価格（調達価格）が設定された（FIT制度，Feed-in Tariff）[4]．制度導入時には通常料金の約2倍程度が設定されたため，各所で太陽光発電所や風力発電所などの設備容量が著しく増加した．

現在，太陽光発電においては設備容量の増加とともに，買取価格の見直しが行われている．加えて，日光に左右されるため発電量の変動が大きい．そのため，2015年度より出力制御対応機器の取付けが設置要件となる場合もある．なお，太陽光発電で発電した電気を蓄電池に貯える場合，ダブル発電として扱われ，太陽光発電と電力系統（電力網）を直結するシングル発電と比較し，買取価格が低下する制度設計になっている．

ダブル発電は，夜間に太陽光発電のエネルギーを利用するため，昼間に発電した電気をバッテリーなどに貯える場合や，ガスを利用した発電と併用する場合，電気自動車などのバッテリーを蓄電池として利用する場合などが挙げられる．FIT制度は，再生可能エネルギーの技術進歩や導入量の状況などを見ながら，毎年買取価格の見直し等が行われる．表1・2では2017年度まで示してあるが，2018年度以降は買取価格や制度が大きく見直されている（20 kW未満の小形風力は20 kW以上の陸上風力と統合されるなど）．

(a) 太陽エネルギー

太陽では核融合（Nuclear fusion）反応により光と熱が発生する．重水素がヘリウムに転換する核融合反応により質量欠損が生じ，これによって大きなエネルギーを放出する．太陽からのエネルギー[5]は，地球の大気圏近辺では約1.4 kW/m$^2$，地表上では約1 kW/m$^2$となる．

表1・2 買取価格の推移

| 年度 | 太陽光 | | | 風力 | | |
|---|---|---|---|---|---|---|
| | 10 kW以上 | 10 kW未満 | ダブル発電 | 20 kW以上 | 20 kW未満 | 洋上発電 |
| | 円/kW（+税） | 円/kW（+税） | 円/kW（+税） | 円/kW（+税） | 円/kW（+税） | 円/kW（+税） |
| 2012 | 40 | 42 | 34 | 22 | 55 | |
| 2013 | 36 | 38 | 31 | 22 | 55 | |
| 2014 | 32 | 37 | 30 | 22 | 55 | 36 |
| 2015 | 29 | 33 | 27 | 22 | 55 | 36 |
| 2016 | 24 | 31 | 25 | 22 | 55 | 36 |
| 2017 | 21 | 28 | 25 | 22/21 | 55 | 36 |

このエネルギーは太陽電池によって電気エネルギーに変換できる．また，太陽熱もエネルギー源として利用することが可能である．近年は，太陽光発電システムの需要増大により，製造コストも安価となったため，家庭用も含め一層の普及が進んでいる．

(b) 風力エネルギー

風は，地表上の温度や気圧の変化によって発生するため，太陽エネルギーに起因するといえる．地球全体で見ると，風力エネルギーが年間$2.3 \times 10^5$ GJ（ギガジュール，$G = 1 \times 10^9$）[5] と推定されるが，利用できる地域やシステムにより制約を受ける．

今後どれだけ有効に活用できるかによって，エネルギー政策に大きな影響を与える．そのため，高効率の風力発電システムや，利用候補地選定などが重要な課題である．風力発電におけるエネルギーについては2.3～2.4で詳しく解説する．

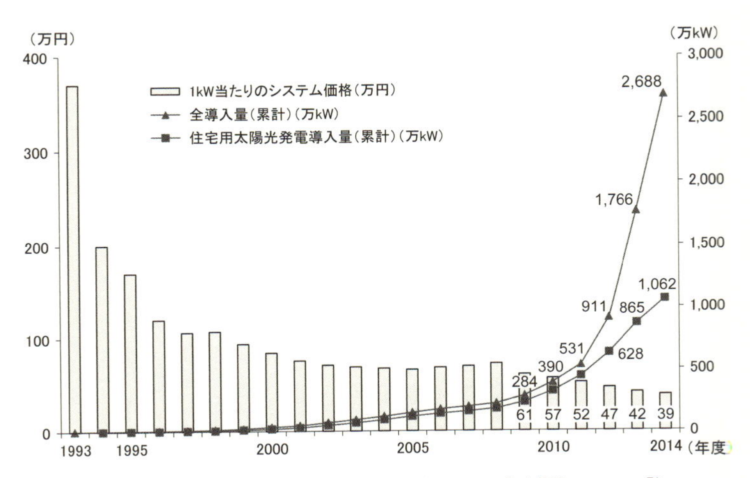


［出典］ 経済産業省『エネルギー白書2016』(図【第213-2-7】)

**図1・11 太陽光発電の国内導入量とシステム価格の推移**

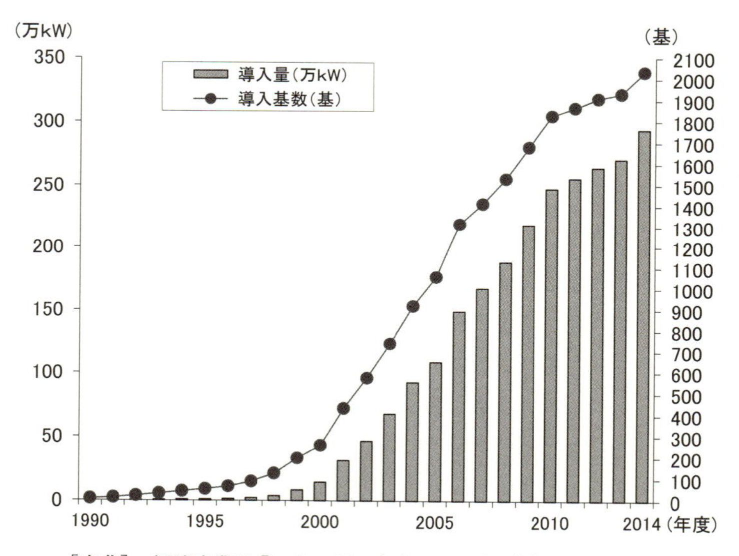


［出典］ 経済産業省『エネルギー白書2016』(図【第213-2-14】)

図1・12　日本における風力発電導入の推移

再生可能エネルギーの需要が高まったことから，我が国においても図1・12に示すように，風力発電システムの設備容量が急増している．

(c)　海洋エネルギー

海洋エネルギーとして，潮流や潮汐・波，温度差によるエネルギーが挙げられる．潮流エネルギーは水の流れに起因している．水は空気に比べて密度が高いことから，同一条件で得られるエネルギー量が大きく，一般には空気の約800倍といわれている．これは，20 ℃，1気圧における，水の密度約1 000 kg/m$^3$を空気の密度約1.2 kg/m$^3$で割った値に相当する．

潮汐や波においては効果的に水の位置エネルギーや運動エネルギー

を活用できる発電システムの構築が重要である．海洋温度差発電は，深海と海表面の数十度の温度差を利用した発電である．

(d)　地熱エネルギー

地球の内部は，中心部で約6 000 ℃となり，熱はゆっくりと地球の表面から外部に放散している．一方，地殻変動などによって，比較的浅い地下数kmのところに1 000 ℃前後のマグマだまりがある．温泉としての活用の他，熱エネルギーを発電に利用することが可能である．

なお，工業的に利用しやすい地下3 km程度までに蓄えられている地熱は，約$8.4 \times 10^{21}$ J[5] といわれている．

(e)　バイオマスエネルギー

バイオは生物，マスはまとまった量を意味しており，バイオマスエネルギーは，ある程度まとまった生物が基となるエネルギーの総称である．林業や農業からでる廃棄物などを利用しており，化石燃料との大きな差は$CO_2$排出量の考え方にある．

当然，バイオマスによって作り出された燃料を燃焼させた場合でも$CO_2$が発生する．しかしながら，植物が生長する過程で$CO_2$を吸収するため，全体で見ると$CO_2$の量は増加しないと定義される．この考え方をカーボンニュートラルという．

バイオマスが化石燃料に代わりエネルギー資源として活用されると，$CO_2$の発生を抑制するため地球温暖化防止に役立つことが期待される．

## 1.2　風の特性

風を発電に利用する場合，風の特徴を知っておくことは重要である．風力発電用タービンを有効に活用するために，適度な風速が安定

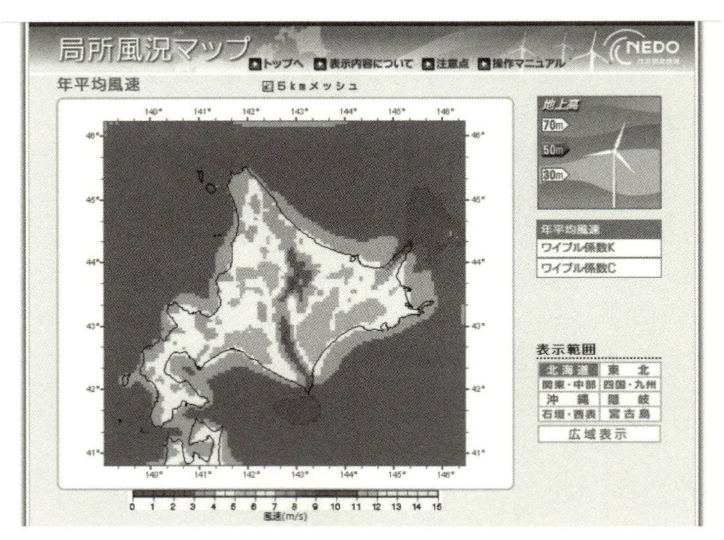


［出典］ 新エネルギー・産業技術総合開発機構（NEDO）

図1・13　NEDO局所風況マップ

して吹く地域に風車を建設することが求められる．風力エネルギー利用の対象となる風速はおおよそ3～15 m/sの範囲である[6]．多くの風力発電の場合には，風速12～14 m/sのときに最大出力（定格出力）を発生するように設計されている[7]．また，同じ地域でも，昼間と夜間，あるいは季節によって，風速と風向は変化するため，以下のような視点で風の特性を調べることがなされる．

### (i)　風速

風速15 m/sといった場合に，それが時間的にまったく変化しないことは自然風ではあり得ない．このため，一定時間についての平均風速，たとえば1時間の平均風速や10分間の平均風速が用いられる．この時間平均風速 $U$ に加えて，風速が時間的にどの程度振れる

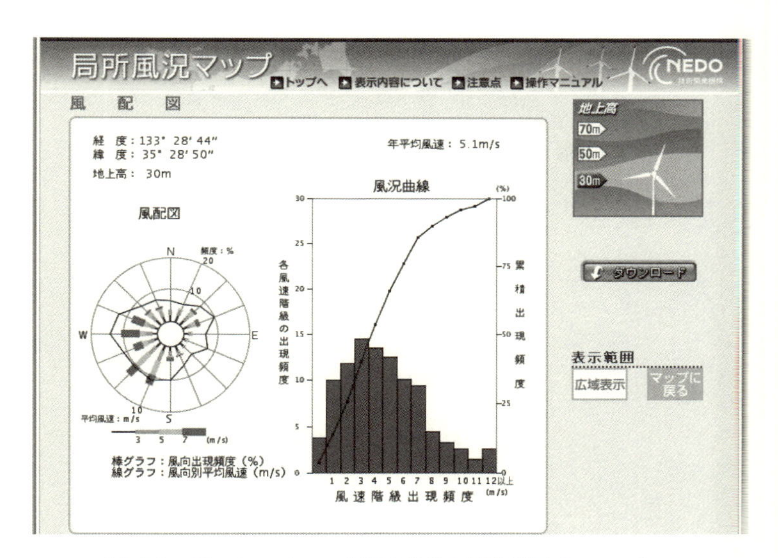


［出典］　新エネルギー・産業技術総合開発機構（NEDO）

図1・14　NEDO風配図

のかを知ることも，風力発電にとって大変重要である．

図1・13は新エネルギー・産業技術総合開発機構（NEDO）によって公開されている局所風況マップ[8]の例で，地上高30 m・50 m・70 mの年平均風速などがわかる．

### (ii)　風向

風速と同じく，自然風の向きは時間や季節によって変化する．風力発電用の風車あるいは風車群を適切な配置・向きで設置するために，該当地域の風向を知ることは大変重要である．

図1・13の局所風況マップの風配図メニューをクリックすると風向出現頻度，風向別平均風速もわかる（図1・14）．2.2で述べるように，風車には風向の変化に性能が依存しない種類（垂直軸タイプ）もある．

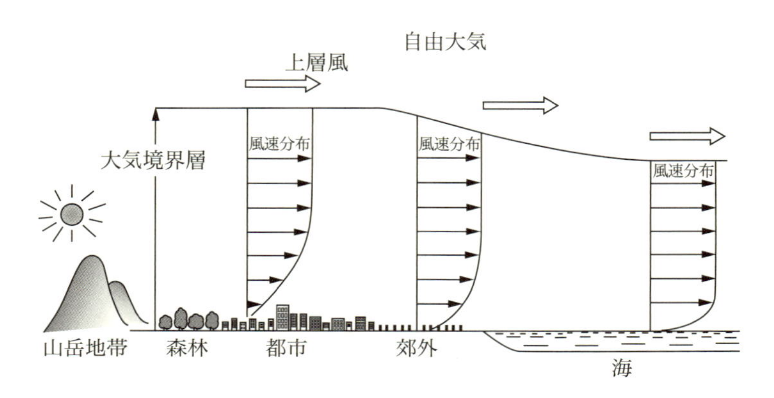


図1・15　地表粗度と風速分布

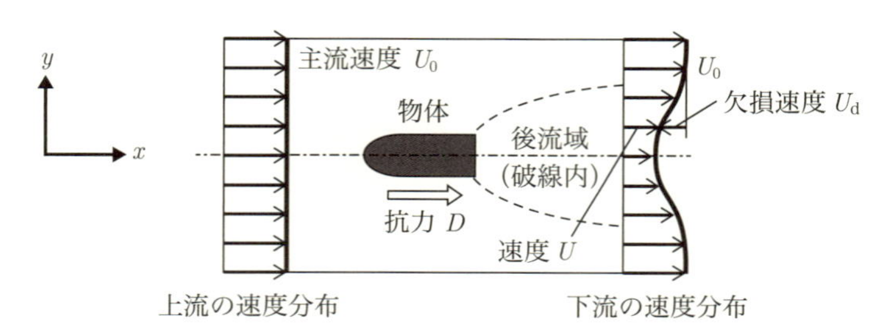


図1・16　物体背後の減速領域（後流）

### (iii)　大気境界層と乱流

図1・15に示すように，地表面近くは，森林や建造物などの凹凸があるために風の流れの邪魔となり，結果として風速が上空と比べて一般に小さい[9]．山岳部では，これに起伏の影響も加わるため，風速の高さ方向変化はより複雑となる．このように，風速が一様流から減少した壁面（地上）近くの領域を境界層と呼ぶ（図1・15の場合は

大気境界層）．また，時間的，空間的に乱れた流れを乱流という．自然に発生する乱流にはガストと呼ばれる突風もある．また，上流側風車の後ろに発生した乱流が下流側風車への流入風を乱すことが問題となる場合もある．このような物体背後に形成される乱流後流域（後流のことをウエイクとも呼ぶ）では，時間平均風速は小さいが，風速の時間的な振れは大きく，周期的な圧力低下を生じる場合がある．

図1・16において，ある物体の上流側の一様な流速 $U_0$ が，物体の下流側で $U_d$ だけ減速された，破線で囲まれた領域が後流域である[9]．この際，その物体は流れから，下流の向きに抗力 $D$ を受ける．一般に，抗力 $D$ は流れの動圧 $\rho U_0^2/2$（$\rho$（ロー）は流体の密度）に比例し，物体形状に大きく依存する[10]．プロペラ風車が受ける抗力は，円柱形のタワー（支柱）が受ける抗力と翼型のブレード（翼）が受ける抗力の和である．乱れの強い後流域にある風車ロータ（2.1参照）は，安定して回転することができないため十分な発電を行えないだけでなく，場合によっては想定外の大きな力を受けて破損に至ることもある．

そのため，地面の影響，上流の影響をできるだけ避けるように，大きなロータ直径の複数台の風車を，陸から離れた海上に，十分な間隔をとって設置する洋上発電風車が近年盛んに開発されている．

図1・17は，風洞実験室で測定された乱流境界層の風速分布である．熱線流速計と呼ばれる応答性の高い微小センサを用いて，1秒間に1万個のデータが測定された．図1・17(a)は瞬時風速 $\tilde{u}$ の時間変化を示す波形であり，壁面からの高さ $y$ に応じて風速の振れ幅が大きく変化することがわかる．図中の $\delta$（デルタ）は境界層の厚さを示す（図1・17(c)参照．$U$ は $\tilde{u}$ の時間平均．ただし，大気境界層とはスケールが大きく異なることに注意）．図1・17(b)は時間平均風速 $U$（●印）と変動速度 $u$ の標準偏差 $u_{rms}$（△印）の壁面からの高さ（$y$）依存性を示している．

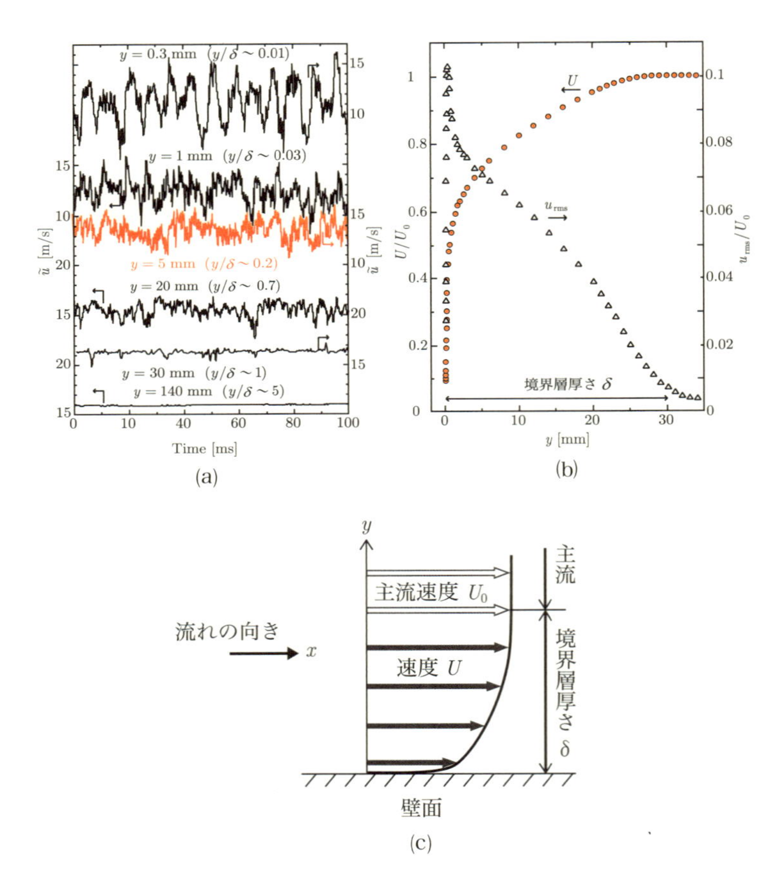


図1・17　乱流境界層の風速分布

図1・17(b)の縦軸は，各値が主流速度 $U_0$（約15 m/s）の何倍かを表している．大気境界層と同様に，壁面（$y=0$ mm）から離れるにしたがって時間平均風速 $U$ が増加している．壁面のごく近く（$y=0.3$ mm 付近）で風速に大きな振れ（乱れ）があり，境界層外端（$y \fallingdotseq 30$ mm）で

振れがかなり小さくなり，さらに十分壁から離れた位置（図1・17(a)一番下の$y = 140$ mm参照）で振れがなくなることがわかる．一般的に，乱流境界層においては，境界層厚さの1.2倍程度の位置（$y \fallingdotseq 1.2\,\delta$）まで壁面から離れてやっと，変動速度$u$がほぼゼロ（主流での値）となることに注意がいる．

図1・17(a)の縦軸の瞬時風速$\tilde{u}$は，時間平均風速$U$と変動速度$u$の和であり，式(3)で表される．

$$\tilde{u} = U + u \tag{3}$$

図1・17(b)の右側の縦軸中の変動速度$u$の標準偏差$u_{\mathrm{rms}}$は，式(4)で表され（上付きバーは時間平均を表す），変動速度$u$の2乗を長い時間（この場合は10秒間）について平均したものの平方根として求まる．

$$u_{\mathrm{rms}} = \sqrt{\overline{u^2}} \tag{4}$$

なお，図1・17(b)の右側の縦軸のように，$u_{\mathrm{rms}}$を主流速度$U_0$で割った式(5)を乱れ強度（Turbulent Intensity, $TI$）という（3.2参照）．

$$TI = \frac{u_{\mathrm{rms}}}{U_0} \tag{5}$$

### (iv) 海風，陸風

自然風の地形による変動の特別な例として，海風（かいふう）と陸風（りくふう）がある．これは，場所による温度差が原因で起こる[11]．夜間の地表面近くにおける，陸から海へ向う陸風について説明する．夜間は陸側の地表近くの大気温度が，海面近くの空気よりもはやく低下するために，その空気密度が大きくなり（重くなり），陸側で下降流が起き，海側では反対に上昇気流が起きるので，結果として陸風となる．昼間は逆に海から陸に向かう海風となる．このため，プロペラ風車などの水平軸風車は，その時々の風に正対する向きで運転する必要がある．

## 1.3　風力発電の歴史

今でこそ，大形の風力発電機は珍しいものではなく，しばしばテレビのコマーシャルやドラマの背景などにも使用される，馴染みのあるエネルギー発生装置になってきた．しかし，30年ほど以前（1990年頃）の日本国内では，300 kW（風車直径約30 m）程度の中形風車もほとんど存在しない状況であった．1990年代から，世界そして日本国内でも大形の風力発電機が徐々に開発され，導入量も右肩上がりで増加して現在に至っているが（図1・12参照），風車の利用・開発の歴史は，やや時代を遡って始まっている．本章では，風力の利用，風車の開発，そして風力発電の歴史を概観する．

### (i)　風の利用と風車

#### (1)　古代の風利用

風は空気の流れであり，空気も質量を持った気体分子の集まりからなる流体であるため，その動きによって物を押したりする仕事を行う能力を持つ．つまり，力学的に言えば，風は運動エネルギーを持っているのであるが，古代の人々は力学の知識はなくても，経験的に風を利用すれば，何かの役に立つことを自ずと知っていたであ

図1・18　古代の帆船のイメージ（人類の最初の風力利用？）

ろう．ただ，どのような利用をしたかは，明確な記録が残っていないのではっきりとはわからない．おそらく，最初の風の利用としては，古代の人が湖や海を船でわたるときに，風がある場合には船に帆を張って，人が櫂（かい）をこぐ代わりにしたのではないだろうかと想像できる（図1・18）．

風車はだれがどこで発明したのか？についても，信頼できる確かな記録がない（古代について書かれた文献はあっても後世の著者による修正やねつ造が多い）ために定かではない．しかし，古代ギリシャ・ローマ文明が栄えた頃には風車が知られていたと一般には考えられている[12]．

(2)　アジアの風車[12], [13]

信頼ができそうな記録に残っている人類最初の風車は10世紀の東ペルシャのシースターン（現在のイランの南東部で，アフガニスタンおよびパキスタンと国境を接する辺り）に存在したようである．アラブ人の歴史家・地理学者のマスウーディーは，その風車が石臼を回し，川から水をくみ上げていることを記述している．また，地理学者のイ

〔出典〕 David A.Spera編，WIND TURBINE TECHNOLOGY-Fundamental Concepts of Wind Turbine Engineering, ASME Press, 1994[12]

図1・19　シリアのディマシュキーがスケッチした垂直軸風車

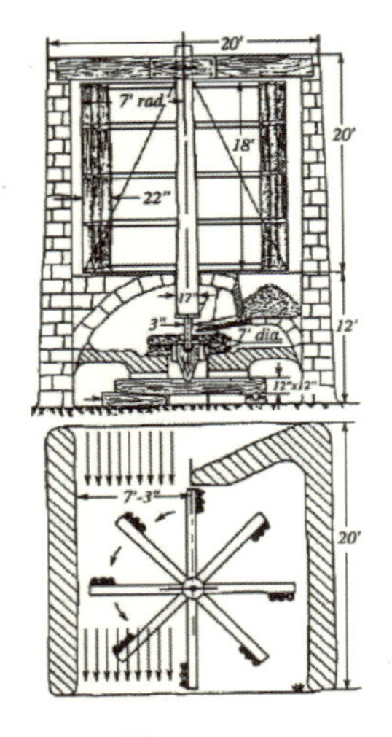


〔出典〕 David A.Spera編, WIND TURBINE TECHNOLOGY-Fundamental Concepts of Wind Turbine Engineering, ASME Press, 1994[12]

**図1・20　イランのネーという町にあった風車の構造**

スタフリーも，950年頃に同じような記述を残している．それらの風車は，300年ほど後になるが，シリアのディマシュキーが残しているシースターンの風車のスケッチ（図1・19）とほぼ一致した特徴を持っていたことが記述されていた．それは上下2段から成り，上段に石臼がある．下段には，6枚から12枚の布を帆のように鉛直方向に張り渡した回転部を持つ構造となっている．風は，下段の横方向に開けられた窓から吹きこんできて，布を膨らませて回転部を回していた．ウルフ（Wulff, H. E. 1966）は，1963年にイランのネー（Neh）という町で，ディマシュキーのスケッチと同じような風車が50台動いているのを見ている．ただし，構造が上下逆になっており，上段

図1・21 現存するイラン・ナシュティファンの垂直軸風車
(画像提供：日経ナショナルジオグラフィック社)

に風車の回転部があり，下段に石臼が置かれている．また，布に巻わり葦の茎を束ねて風車の帆（羽根）が作られていた（図1・20参照）．図1・21は現存するイラン・ナシュティファンの垂直軸風車である．風車は数十基残っており，羽根は木材で作られているようである．インターネットを使って「古代イラン風車」で検索するといくつか掲載サイトが表示され，動画を見ることもできる[14]．

東アジアに位置する中国では，ほとんど証拠はないが，風車が2000年以上前に発明され，使用されてきたという考えが広く信じられている．しかし，中国西部と隣接する中央アジアや南西アジアから，風車が伝わってきた可能性を示唆する書物が多い[12]．中国の風車を最初に報告したヨーロッパ人はヤン・ニーホフで，彼が1656年に中国で見た風車は図1・22[12], [13]に示される垂直軸形のものであった．その風車は，8つのマストに帆が張ってあり，帆が風上に向かう場合は抵抗が少なくなるように，自動的に向きを変える仕組みとなっていた（図1・23参照）．動力は垂直な風車回転軸の動きを歯車で水平方向のシャフトの回転に変えて取り出し，揚水に利用されてい

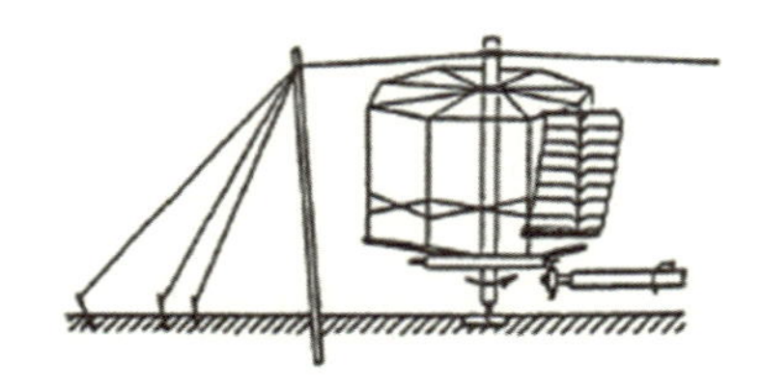

〔出典〕 David A.Spera編，WIND TURBINE TECHNOLOGY-Fundamental Concepts of Wind Turbine Engineering, ASME Press, 1994[12]

図1・22　中国の垂直軸風車

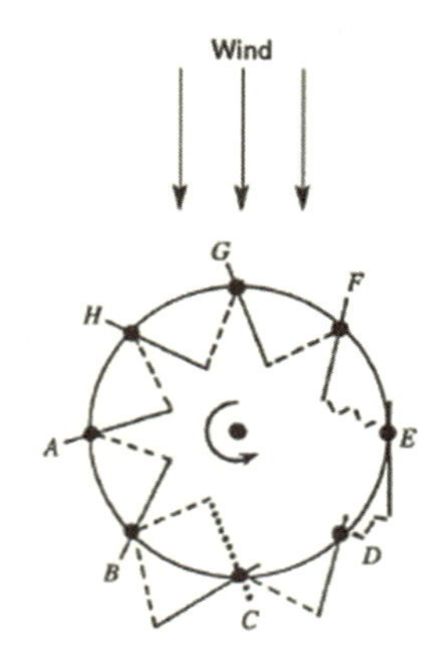


〔出典〕 David A.Spera編，WIND TURBINE TECHNOLOGY-Fundamental Concepts of Wind Turbine Engineering, ASME Press, 1994[12]

図1・23　中国の垂直軸風車の仕組み

たようである[12].

(3)　ヨーロッパの風車

アジアで使用された風車が垂直軸タイプであったのに対して，ヨーロッパでは，水平軸タイプのものが使用されていた．羽根は4枚で十字形に帆を張ったものであった．その起源は，確かな記録が残っているものに基づくと，イングランドであり，12世紀の終わりに近い，1185年頃から1200年までに23台が作られていたことがホルト（1988）によって確認されている[12]．13世紀の終わりの頃には，北西ヨーロッパの国々（特にフランス，ドイツ，イギリス，スペイン，ベルギー，オランダ，ルクセンブルクなど）に広まり，14世紀には主要な動力源となった．使用目的は，灌漑・製粉・製材など幅広い用途に用いられた．英語の辞書で風車を調べると，「Wind mill（ウインドミル）」と出てくるが，この名前は「製粉機（Mill）」から来ている．ちなみに，現代の風力発電用の風車を表す英単語としては，「Wind turbine（ウインドタービン）」が適切である．

ヨーロッパの風車としては，オランダ風車が有名であるが，それはオランダにおいて4枚羽根の風車が独特な発達をしたためである．オランダは土地の標高が低く，水害が頻発していたため，排水を目的として風車が使用された．北部ヨーロッパにおける最も古くて標準的な風車は，ポスト・ミル（Post mill）と呼ばれるタイプ（図1・24

図1・24　ポスト・ミル（著者撮影）

参照）であり，支柱（Post）の上に風車のついた小形の小屋が載っていて，小屋全体を風向きに合わせて動かす構造（イギリス形）であった．

ポスト・ミルを排水用に改良したものは，中空ポスト・ミル（Hollow post mill）と呼ばれ，支柱を筒状にして，その中空となった支柱の中にシャフト（回転軸）を通して，風車の回転動力を下部構造に配置された排水用水車に伝えて排水を行った．図1・25では，下掛け水車式の揚水ポンプを描いてあるが，スクリュー式のアルキメデス・ポンプも使用された．

ポスト・ミルに比べて，中空ポスト・ミルでは，下部構造に対し

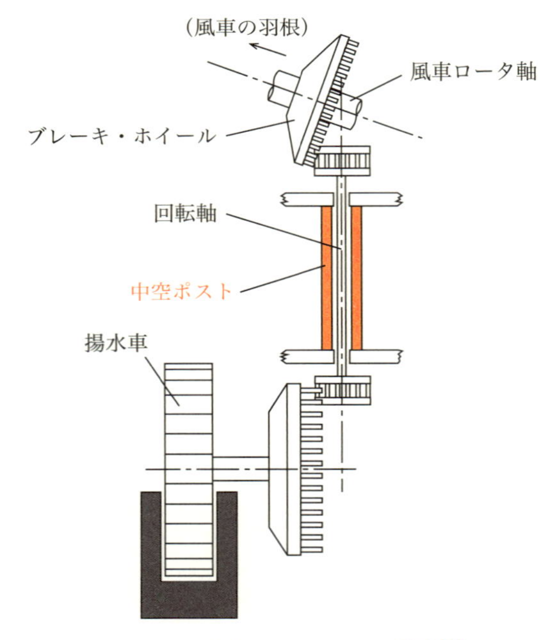


図1・25　中空ポスト・ミルの構造[12]

図1・26 スモック・ミル (著者撮影)

て，上部構造である風車小屋は小さくなっている．風車を大形化するために，風向きに合わせて動かす部分をさらに小さくしたものが，スモック・ミルと呼ばれるタイプである（図1・26参照）．形が，幼稚園児などが着るスモックに似ていることから名前が付けられているが，「オランダ形（Dutch tower mill）」と呼ばれるのは，このタイプである[15]．下部構造が大きくなったために，排水以外にも製材などのいろいろな用途に使用可能となった．19世紀半ばまでに，オランダには9 000基以上の風車があり，ドイツにも20 000基以上あったようである．同じ頃，ヨーロッパ全体では，200 000基以上の風車があったと推定されているが，その後は，蒸気機関の発達とともに，徐々に減少していった[13]．

(4) アメリカの風車[12]

アメリカでは，主として往復運動（レシプロ）方式の揚水ポンプ駆動のために風車が使われた．1854年に遠心力で回転速度を調節する機構を持った風車を作り，商業的にも成功をしたダニエル・ハラディ（Daniel Halladay）がアメリカの多翼風車の発明者とみなされている．

最初は羽根の枚数はオランダ形と同じく4枚であったが，数年後に，多くの羽根を持った多翼風車に置き換えられた．この多翼風車は，数枚の羽根を1グループとしたいくつかのグループで構成された構造（セクショナル・ホイール）を持ち，あたかも折りたたみ傘をたたむときのような動きをして，風が強い場合には翼が真正面から風を受ける面積を減らして回転力を下げ回転速度を調節する．図1・27の1番左端および右から3番目にある風車がこのタイプに相当する．

アメリカ式の多翼風車として主要なもう一つのタイプは，1866年にレバレンド・レオナルド・R・ホイーラー（Reverend Leonard R. Wheeler）によって導入されたものであるが，羽根は固定式の多翼であり，尾翼（Tail vane）を持っている．尾翼とは別にもっと小さい側翼（Side vane）が風車の面と平行に備え付けられていて，この側翼にあたる風の作用によって，風が強まると風車の向きを回転させて強風から風車の破損を防いでいた．この風車は「エクリプス」（日食・月食の意味）と名付けられた．図1・27の左から2番目と3番目にある風車はエクリプス形の風車である．

1888年にシカゴで創業したアエロモーター社（Aermotor Company）は，それまで木製であった翼を薄くて曲面状の鋼鉄製に換えて性能を向上させた．アエロモーター風車は最初の全鋼鉄製風車ではなかったが，性能や経済性において優れた風車であり，1900年代半ばまでに800 000台を販売した[6], [12]．現在でも，アメリカ式多翼風車のメーカーや販売店は存在している．図1・28は著者の一人がメキシコの風車販売店において撮影した鋼鉄製の多翼風車である．

#### (5)　日本における風車利用[16]

日本における風車の実用的利用は，明治初期（1870年前後）にアメリカから輸入されたものが最初のようである．ほとんどが揚水用で

〔出典〕 David A.Spera編，WIND TURBINE TECHNOLOGY-Fundamental Concepts of Wind Turbine Engineering, ASME Press, 1994[12]

図1・27　アメリカの多翼風車

図1・28　現在も製作されている鋼鉄製のアメリカ式多翼風車（著者撮影）

あり，大正中期頃（1920年頃）まで，アメリカやドイツからの輸入風車が阪神地域を中心に各地に建てられたようである．その一方で，明治時代末（1910年頃）以降には，日本人の手による簡易な灌漑用木

図1・29　堺の揚水風車[16]
（牛山泉教授のご厚意による）

製風車（図1・29参照）も作られ，その総数は数千台に及んだとのことである[16].

### (ii)　発電装置としての開発

(1)　発電機の発明と航空力学の発達[6]

これまでに述べてきた風車は，発電目的ではなく，直接的に風の力（流体力・空気力）を機械的力として利用するものであった．現在の風車の多くは，電気を起こすために発電機に繋がれ，機械的力を電気のエネルギーに変換している．このような風車と発電機を組み合わせた装置が風力発電機であるが，その歴史は19世紀の終わり頃から始まる．それは，現代文明の発展の歴史において重要な2つの技術分野の発達と関係が深い．すなわち，電気の利用と航空分野の発展である．

ファラデーが電磁誘導を発見したのが1831年，その原理に基づいて，初めての直流式発電機（ダイナモ：図1・30）を発明したのがピクシーであり1832年のことである．その後，半世紀ほど経った

図1・30　初めての直流式発電機（ダイナモ）（1832年）

1881年に交流発電機（オルタネーター）を使用して初めてシーメンス社（ドイツ）が英国において街灯を点灯し，次第に電気事業が本格的になっていった．

一方，航空分野では，1809年にイギリスのジョージ・ケイリー卿が鳥の観察をして，空気力が「揚力」と「抗力」に分解されることを示し，フランスのナビエ（1822年）とイギリスのストークス卿（1845年）が摩擦（粘性）を考慮した流体運動の基礎方程式（ナビエ-ストークス方程式[9]）を各々独立に導出した[17]．この方程式により，理論的に実在気体を取り扱えるようになった．1872年には，フランシス・ウェナムが，現在の流体実験においてもしばしば使用される風洞（風を人工的に発生し実験する装置）を初めて開発し，公開実験を行っている[17]．このように，19世紀の終盤近くでは，理論面・実験面において流体力学・航空工学が発達し，1891年のリリエンタールのハンググライダーによる有人飛行，1903年のライト兄弟による人類初の有人動力飛行（図1・31）へと繋がり，以後の20世紀の航空機時代へ急速に発展をしていく[17]．

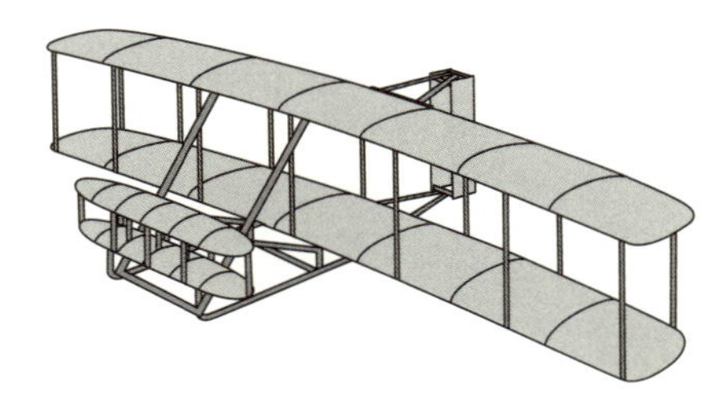

図1・31　ライト兄弟による人類最初の有人動力飛行機（1903年）

図1・32　ジェームス・ブライスの垂直軸形風力発電機のイメージ

⑵　最初の風力発電機

リリエンタールによる有人飛行の4年前（1887年）に，イギリス・スコットランドのジェームス・ブライス教授は，マリーカーク（Marykirk）にあった彼の別荘の庭に3 kWの発電機をつけた垂直軸形の風車を作り，発電した電力を蓄電池に蓄え，別荘の照明用に使用した．風車は布製の帆を張ったものであり，多くのデザインが試されたようであるが，最終形状の風車は25年間も運用されたとのことである．なお，風車の直径は33フィート（約10 m）の大きなもの

〔出典〕 David A.Spera編，WIND TURBINE TECHNOLOGY-Fundamental Concepts of Wind Turbine Engineering, ASME Press, 1994[12]

**図1・33　ブラッシュの巨大な多翼風車発電機（12 kW）**

であった（図1・32）．

ほぼ同じ頃（1888年），アメリカ・オハイオ州のチャールズ・F・ブラッシュは，直径が17 mもある巨大な多翼の風力発電機を作った（図1・33）．直流12 kWを発生し，350個の白熱灯に電力を供給したという．翼は144枚あり，風車の構造はポスト・ミルに近いものであった．また，18 m×6 mの大きな尾翼に加えて側翼を持っており，エクリプス（図1・27参照）と同様に，強風が吹いた場合は自動で向きを変える仕組みを持っていた．1908年までの20年間動いていたようである[12]．

これら2つの風車は，風力発電の最初のものと言えるが，いずれも，低速回転で効率の高い風車ではなかった．これに対して，風力発電用として，高速回転をする風車を開発したのが，デンマークのポール・ラ・クール（Poul la Cour）であった．彼は1891年に，デンマークのアスコウ（Askov）に風力発電研究所を設立し，同年に，図1・34に示す4枚翼で直径11.6 mの風力発電実験用風車を建設した．ラ・クールの風車は高速回転して効率が高いことのほかに，出力安定化のための調速装置（クラトースタット，図1・35[15]）を持つことや，

図1・34　ポール・ラ・クールの最初の高速回転風車（1891年）
（Loaned from the Poul la Cour Museum）

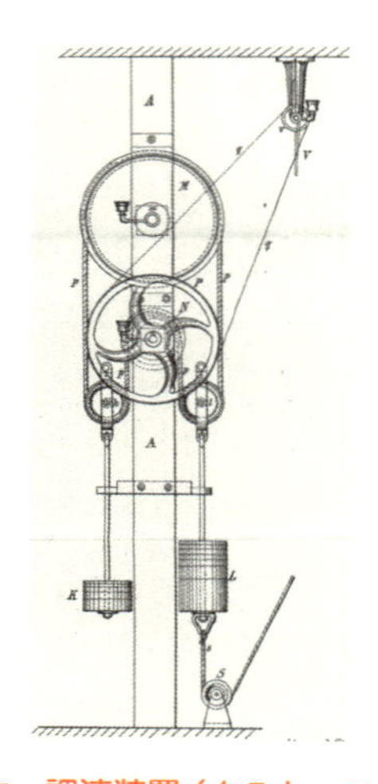

図1・35　調速装置（クラトースタット）
（Loaned from the Poul la Cour Museum）

蓄電池に代えて水を電気分解してできる水素によってエネルギーを保存したことなど，先進的取り組みをしていたことが特徴である[6], [15].
それゆえ，現代に繋がる風力発電の実質的発明者はポール・ラ・クールというのが一般的な見解である．なお，ラ・クールは，アスコウのフォルケホイスコーレ（国民高等学校）の教授であったが，1903年にデンマーク風力発電会社を設立し，農村への電力普及を目指していた．また，フォルケホイスコーレに電気技術者の養成講座を開設し，技術者の養成にも力を入れていた．しかし，小形ディーゼル発電機の発達により，しだいに風力発電はすたれ，デンマーク風力発電会社は1916年に解散した[6], [15], [18].

(3) 種々の試み

燃料事情が悪化した第一次世界大戦（1914〜1918年）の期間あたりに，風力開発が盛んになる．ラ・クールの風車翼は板羽根状であったが，同じデンマークにおいて1917年に，エリー・ファルク，ヨハネス・イェンセン，ポール・ヴィンディングの3名の技術者は現代的なプロペラ式の6枚翼風車を開発した．その風車はアグリコ（Agricco）風車（図1・36参照）と呼ばれ，翼の取付角（ピッチ角）を変えられる風車であり，ラ・クールの風車よりも効率が30 %も向上したという[6], [15].

この頃，風車分野で重要なベッツ限界（風車の理論最大効率約59.3 %）がイギリスのF.W.ランチェスター（1915年）とドイツのA.ベッツ（1920年）によって導出されている．また，風車形状として有名なサボニウス風車（図1・37，フィンランド：1924年特許取得）やダリウス風車（図1・38，フランス：1926年特許取得）が発明されている[6].

アメリカでは，ジェイコブス兄弟が2枚翼および3枚翼の1.8 kW〜3 kWの小形プロペラ風力発電機（図1・39）を生産し，

(a)　発電に用いられたアグリコ風車

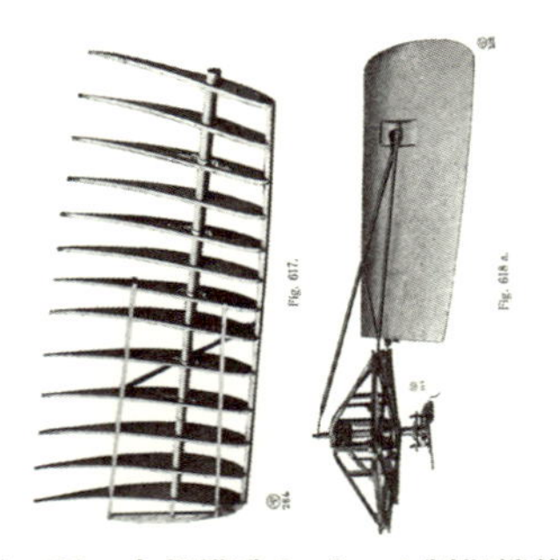


(b)　翼の内部構造とピッチ制御機構

**図1・36　アグリコ（Agricco）風車の翼・デンマーク（1917年）**
デンマーク・エネルギー博物館 [Danish Museum of Energy]

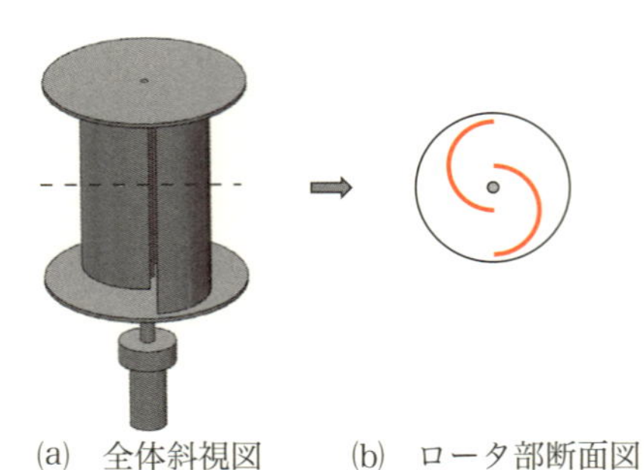

(a)　全体斜視図　　　(b)　ロータ部断面図

**図1・37　サボニウス風車**

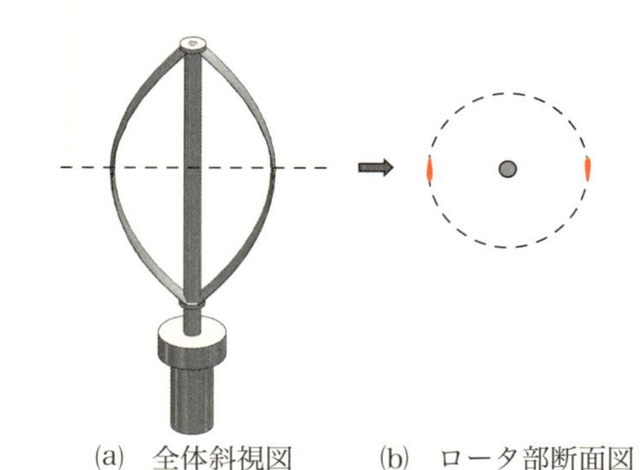


図1・38　ダリウス風車

図1・39　ジェイコブス風車
アメリカ（1932年）

図1・40　世界最初の大形機
ロシア（1931年）

1920年頃から1960年頃の間に10 000台程を販売し成功を収めている．価格は当時の自動車と同じくらいであった[6], [13], [19]．

1930年代から風車は徐々に大形化していく．当時のソビエト連邦（現在のロシア）では，1931年，クリミヤ半島のバラクラワに，世界最初の大形機である直径30 m，定格出力100 kWの風力発電機（WIME D-30）が建てられた（図1・40）．3枚翼のタービンで回転速度はフラップで制御された．しかし，増速機は木製であり，風車の方向は，一端を円形状のレールに載せた傾斜した支柱を動かして，風車全体を回す仕組みであった[6], [13]．

1941年には，パルマー・C・パトナムのアイディアによる，世界初のメガワット機，スミス・パトナム風車（Smith-Putnam wind turbine）がアメリカ・バーモント州にあるグランパ山（Grandpa's Knob）に建設された（図1・41[12]）．風車直径は53.3 m，定格出力1.25 MW，タワー高さは35.6 mであった．この風車はステンレス製の翼を2枚持ち，ロータはタワーの下流側に取付けるダウンウインド形（図2・8参照）であった．スミス・パトナム風車は，4年間運転さ

〔出典〕 David A.Spera編，WIND TURBINE TECHNOLOGY-Fundamental Concepts of Wind Turbine Engineering, ASME Press, 1994[12]

図1・41　スミス・パトナム風車・アメリカ（1941年）

れたが，1945年に翼の根元に破損が生じて停止に至った[6], [13].

(4) 現代の風力発電機へ

デンマークでは，第一次世界大戦が終わると徐々に風力開発は下火になるが，第二次世界大戦（1939～1945年）の期間に再び盛んになる．F. L. シュミット社は，元はセメント製造機械メーカーであったが戦争によって，その輸出市場が崩壊したために，風力発電機の製造に転向した．シュミット社が作った風車はエアロモータ（Aeromotor）と名付けられていたが，最初は直径が17.5 m，定格出力50 kWの2枚翼風車であった．しかし，タワーの振動問題を回避するため，すぐに直径24 m，定格出力70 kWの3枚翼風車の製造を行っている（図1・42）．2枚翼風車（12基）のタワーのいくつかと3枚翼風車（7基）の全てはコンクリート製であり，現在の風力タービンによく似た特徴を持っていた[6], [13].

1957年，ラ・クールの弟子であったヨハネス・ユール（SEAS：東南シェラン電力会社の技師）は，直径24 m，定格出力200 kWの

図1・42　エアロモーター・デンマーク（1942年）

デンマーク・エネルギー博物館[Danish Museum of Energy]

図1・43 ゲッサー風車・デンマーク（1957年）
デンマーク・エネルギー博物館[Danish Museum of Energy]

ゲッサー（Gedser）風車を開発した（図1・43）．この風車は，現在のデンマークタイプの原型ともいわれている風車であり，ロータは3枚翼であり，タワーの上流側にロータを取付けたアップウインド形（図2・8参照）であった．また，翼は固定ピッチ式でストール（失速）制御を行うものであった．さらに，翼の先端部分にはティップ・ブレーキが取付けられていた．ゲッサー風車は，技術的に信頼性の高い風車であったが，発電コストが火力発電の2倍以上あり，当時は原子力発電への期待も大きい時代であったため，1966年には運転を停止した．同時期のその他の風車も同じような運命をたどり解体されている．ただし，ゲッサー風車は解体されずにそのまま残されていた．第一次オイルショック（1973年）後の1977年から1979年にかけて，NASA（アメリカ航空宇宙局）とDEFU（デンマーク電力事業研究所）が10年間放置されていたゲッサー風車を再稼働して，基礎データを収集した．この結果が，1970年代の後半から成長を開始するデンマークの風力産業に大きな影響を及ぼした[6], [13], [15]．

1980年代以降，欧米を中心として風力発電機は急速に発展をしていく．その主流はデンマークタイプを基本とする水平軸のプロペラ

図1・44　現代の風車
水平軸プロペラ形
（ドイツ，Schmitt夫妻のご厚意による）

図1・45　現代の風車
垂直軸ダリウス形（カナダ）

タイプ（図1・44）であるが，カナダやアメリカ，イギリスなどでは，ダリウス形（図1・45）などの垂直軸風車の開発も行われた[20]．

(5)　日本の風力発電の草分け

日本における風力発電機の研究・開発の草分け的存在としては，本岡玉樹と山田基博の2名が挙げられる[16], [19]．

本岡玉樹は海軍技師であったが，昭和10年（1935年）から満州国（中国東北部）の大陸科学院における風力利用研究の責任者となり研究を開始した．当初は農業用として，揚水・灌漑・排水などへの動力の応用であったが，ラジオ用電源としての発電用風車も研究した．図1・46は，大陸科学院で作られた，第1号機風車とティップベーン式の調速装置を持った風車の概念図である．終戦の昭和20年（1945年）までに直径4 m～12 mまでの大小50台余りの風力発電機を設計・建設したという[16], [19]．

もう一人の山田基博は，大正7年（1918年）に北海道で生まれた民間人であるが，戦前から北海道の漁村向けに夜間照明用として直径1.2 m，100 W程度の小形プロペラ風車を提供したという[19]．終戦後の昭和24年（1949年）に株式会社山田風力電設工業所を設立し，北海道の開拓農家などに200 W～300 Wの風力発電機を数千台規模で提供

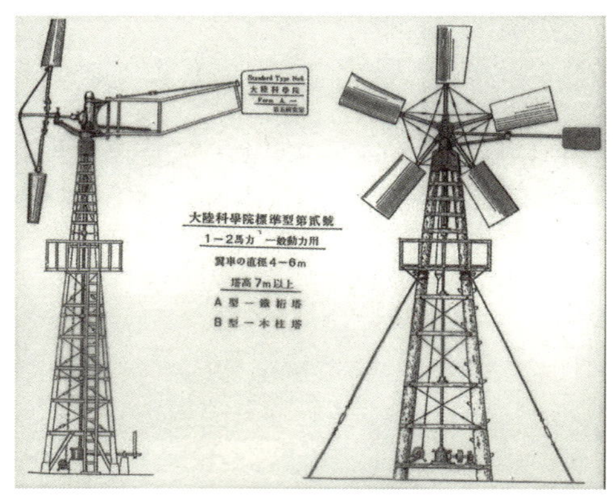


(a)　大陸科学院式第1号風力機

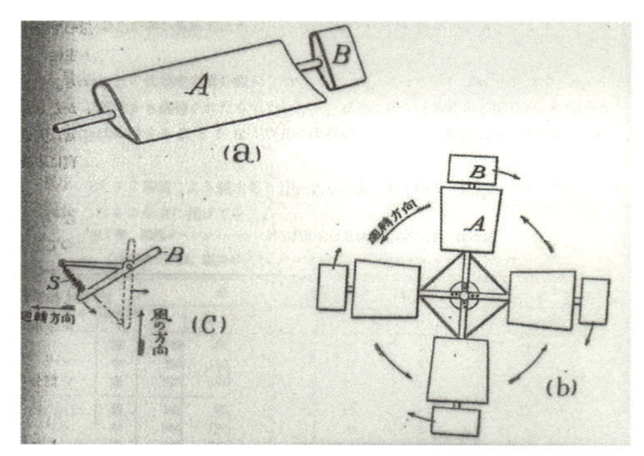


(b)　ティップベーン式調速装置の考案図

**図1・46　本岡玉樹の風車**[16]
（牛山泉教授のご厚意による）

している．その特徴は，弱風から起動し，強風に耐え，価格も安いものであった．図1・47は逆可変ピッチ式の過回転防止機構を持った3枚翼の山田風車であり，回転数が増加するとき，遠心力の作用によって翼のピッチ角が変化して回転数の増加を抑制する．図1・48は強風時にロータ面が上を向いて風を逃がす（ファーリングと呼ぶ）ことで回転速度を一定に保つ機構を有した2枚翼の山田風車である．昭和30年代後期以降，風車需要が減って山田は事業から離れたが，オイルショック後に風車ブームが起こって再び脚光をあび，昭和53年（1978年）からの2年間に行われた当時の科学技術庁の「風トピア計画」の中で他の風車とともに実証実験が行われ，山田風車はその優秀性が立証された[21]．

(a)　東京大学宇宙工学研究所における実験の様子[21]

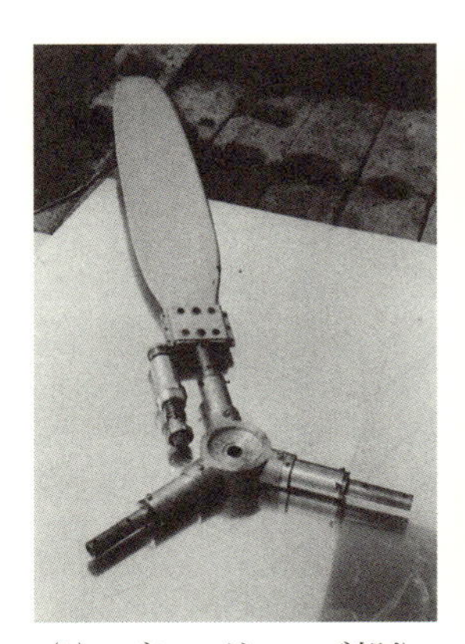

(b)　ブレード・ハブ部分

図1・47　逆可変ピッチ式の山田風車
（牛山泉教授のご厚意による）

(a)　2枚翼山田風車の外観

(b)　偏向機構部分[21]

図1・48　ロータ上方偏向式の山田風車
（牛山泉教授のご厚意による）

# 風力発電の基礎

## 2.1　風力発電システムの構成

風力発電システムは風車本体と電力制御機器から成る．風車本体は，風を受けるブレード，その回転を支えるロータ軸，さらに増速機と発電機を格納した機械室またはナセルから構成される．図2・1は風力発電システムの概要である．風車で発電された電力は，発電機形式（誘導式・同期式）により変圧器（トランス）またはAC/DC/ACリンク機器などを経由して電力系統（送電網）[6], [7]へ送られる．次章で説明する水平軸風車では重量物であるナセルがタワー上の高い位置にある点で，設計・運転・点検において，技術的に難しい側面をもつ．

### (i)　ブレード

ブレードは風のエネルギーを回転エネルギーに変える最重要部分である．風力発電の主役である大形のプロペラ風車では，その翼（ブレード，Blade）の断面形状は航空機と類似の翼形であり，自然風とブレードの回転に伴う円周方向のみかけの風速とが合成された，相対風速に対する揚力によって回転力を発生する．

図2・2は新エネルギー・産業技術総合開発機構（NEDO）のホームページにある風車の構造であり，イラストに記載しているテキスト上にカーソルをもっていくと，イラスト内に説明が表示される[22]．以下，風車の構成部品を，プロペラ風車を例に説明する．

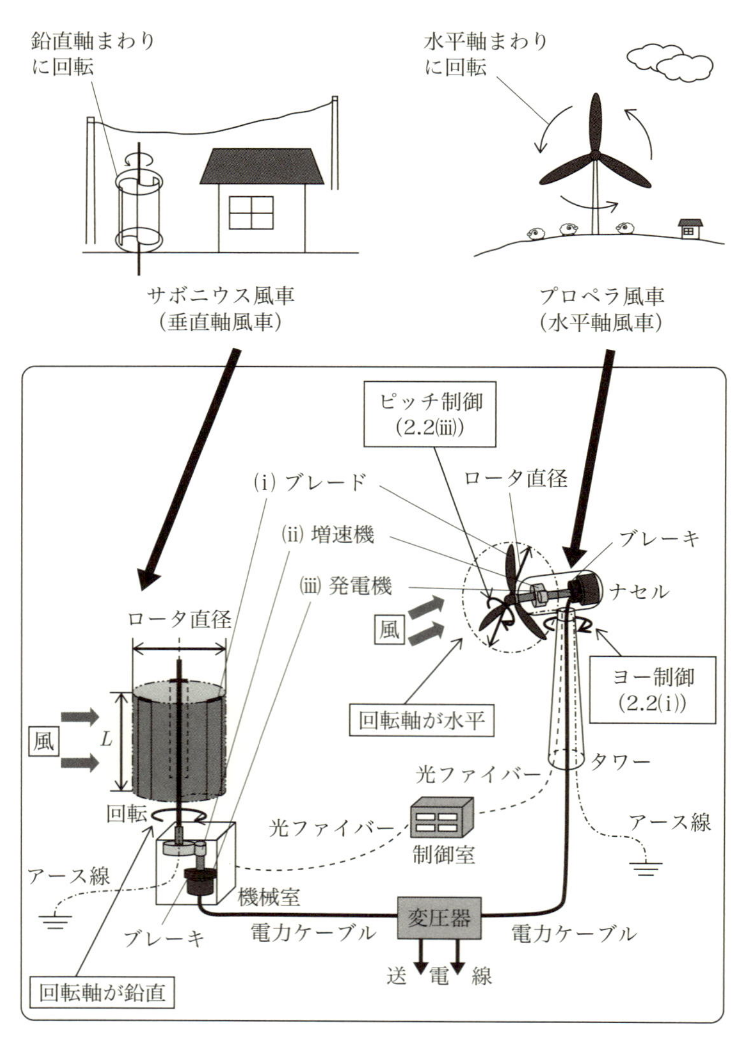


図2・1　風力発電システム

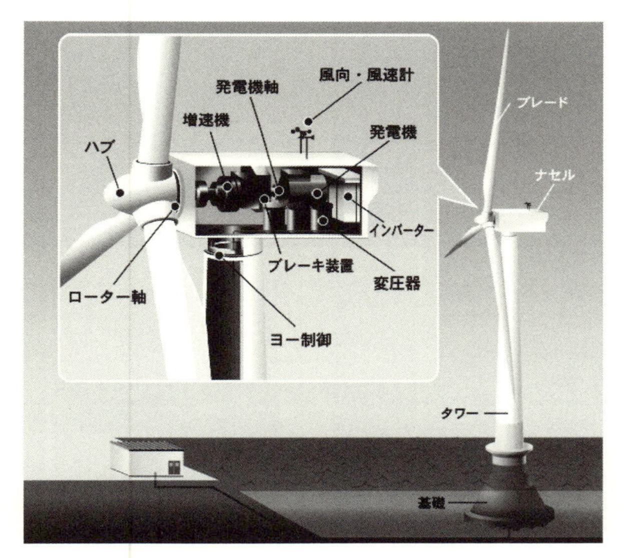


〔出典〕 新エネルギー・産業技術開発機構（NEDO）
http://www.nedo.go.jp/fuusha/kouzou.html

図2・2　風車の構造

図2・3は島根県出雲市十六島（うっぷるい）にある風車公園（図2・3(a)）で撮影された発電用風車群である（図2・3(b)，3 MW×26基＝78 MWは日本最大規模）．1号機に隣接する同公園では地上75 mに位置するナセルとほぼ同じ高さまで続く遊歩道から，風車を真横に見学することができる（図2・3(c)）．また，1号機の真下から風車ブレードの迫力ある回転に伴う風切り音を体感することもできる（図2・3(d)）．さて，前長45 mのブレード根元側の翼弦長（図2・10参照）は大きく，地面からは大型トラックがすっぽりと納まるほどの高さがある（図2・3(e)）．ロータ直径90 mのこの巨

図2・3　発電用風車群の例（十六島風車公園，3 MW機）

大なブレードが，ロータ定格回転数9.0～19.0 rpm（Revolutions per minute，毎分回転数）で回転するとき，先端周速度は153～322 km/hと新幹線あるいは旅客機の離着陸速度並みの高速度である．なお，同公園を撮影した台風前日には，1秒間の回転数が約1/4回転であったものが，風が強まった1時間後には，1/3回転に変化し（約15→20 rpm），風切り音に顕著な違いが感じられた．

ところで，現在世界最大の10 MW級洋上プロペラ風車の中にはロータ直径が160 m以上のものもあり，そのブレード根元側の翼弦長は2階建てバスの車高よりも大きい．

**コラム　翼 or 羽根？**

2.1(i)ブレードのところで記載したように，揚力形風車では風のエネルギーを受ける部分を翼（ブレード，Blade）と呼ぶことが多い．一方，抗力形風車では風のエネルギーを受ける部分を羽根（ウイング，Wing）と呼ぶことが多い．サボニウス風車では羽根をバケット（Bucket）とも呼ぶ．しかし，必ずしも，厳密に使い分けられているわけではない．

### (ii)　ロータ軸と増速機および発電機

ブレードの根元はロータ軸の一端（ハブ，Hub）で支えられる．ロータ（Rotor）とは回転体を意味する．ロータ軸の他端はナセル内の増速機に接続され，増速機内の歯車によって誘導発電機（回転数固定）に適した回転数へ増速される．たとえば，ブレードが毎分18回転（18 rpm）しており，これを3 600 rpm（60 Hz）の発電機につなぐ場合の増速比は200倍である．

なお，ブレード根元のハブの回転を同期発電機（回転数可変）に直接伝達する（ダイレクトドライブ），増速機のないギアレス風車（たとえば，図2・4ロータ径82 m）では，ナセルの小形化と騒音の低減という利点がある．さらにギアレス風車は，ナセル内にロータ軸がないため，ナセルの真ん中に通路を配置することができる．一方，ギア

(a)　外観

(b)　ハブ付近拡大

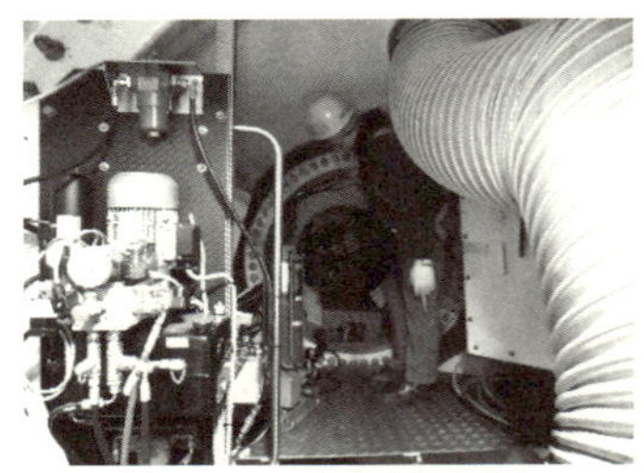

(c)　ナセル内部（前方部）

(d)　ハブ内部（ピッチ制御）

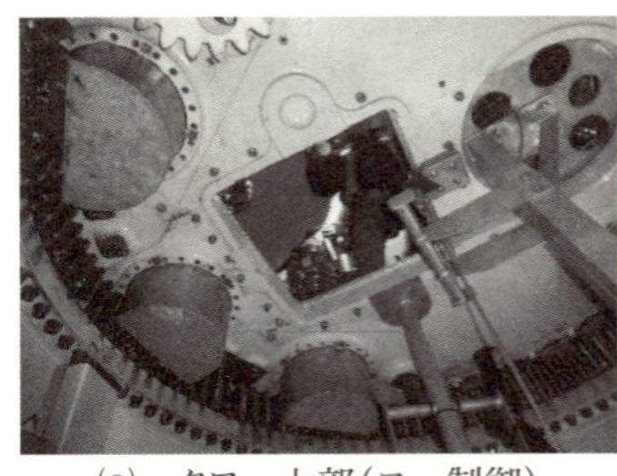

(e)　タワー上部（ヨー制御）

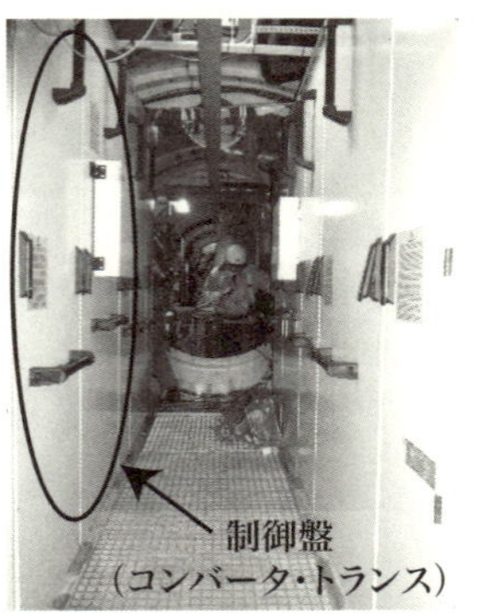


(f)　ナセル通路全景

図2・4　ギアレス風車（日本製鋼所著作権保有，2 MW）

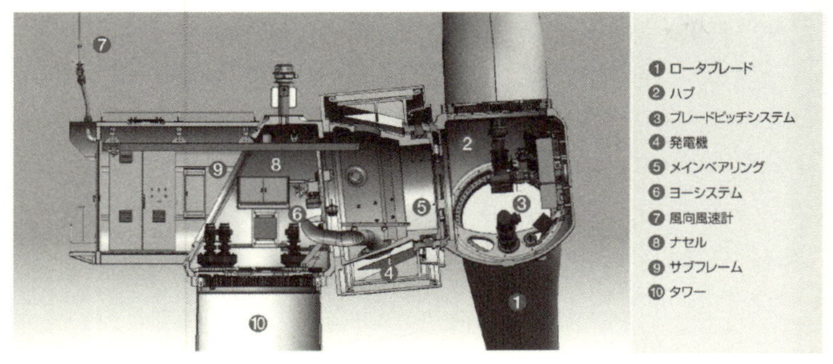


(g)　主要機器配置(J82-2.0)

図2・4　ギアレス風車（日本製鋼所著作権保有，2 MW）つづき

つき風車ではナセル中央のロータ軸をよけて通路を設ける必要がある．このためギアレス風車では保守・点検時のアクセス性が高い．

図2・4(a)には風車ブレードの回転方向を図2・4(b)にはブレードがその根元部でハブに対して回転するピッチ制御の方向とナセルがタワー上で回転するヨー制御の方向を，それぞれ矢印で示す．図2・4(c)〜(f)はナセル内部の様子を示す（著者撮影）．図2・4(g)は主要機器であり，図2・2との違いに注目してほしい．

発電機（Generator）が回転されると回転エネルギーは電気エネルギーに変換される．これがタワー内の電力ケーブルを介して，送電部へ伝達される．タワー内には動力ケーブルのほかに，風車の運転状況を計測制御するための信号ケーブル（光ケーブル）や落雷対策のためのアース線（3.1参照）も通っている．

## 2.2　風車の種類

風車は風のもつ運動エネルギーを回転エネルギーに変換する装置である．古くからヨーロッパで揚水や製粉に利用されてきた風車は比較的ゆっくり回り，回転エネルギーを風車内でひき臼を回す動力として利用することが多かったため，ウインドミルと呼ばれてきた．図2・5はオランダ風車博物館De Valk[23]内の製粉用の石臼である（高さ29 mのタワー内の6階部分に石臼ロフトがあり，現在も粉引きに使われている）．一方，発電用風車には高速回転と大形化（大きなブレードによる，風速と受風面積の増加）が求められ，これはウインドタービンと呼ばれる．図2・6はフランスで稼働中のプロペラ風車の一例である．これらの風車の分類を，表2・1に示す[9]．以下，この表の項目ごとに説明を加える．

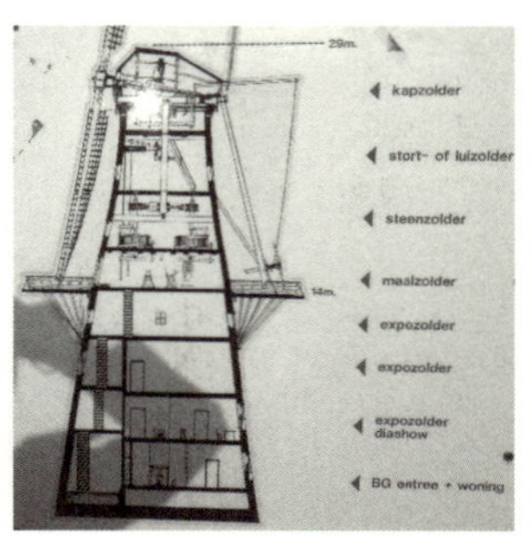


図2・5　タワー形オランダ風車博物館De Valk（ライデン，著者撮影）

図2・6 プロペラ風車（フランス，著者撮影）

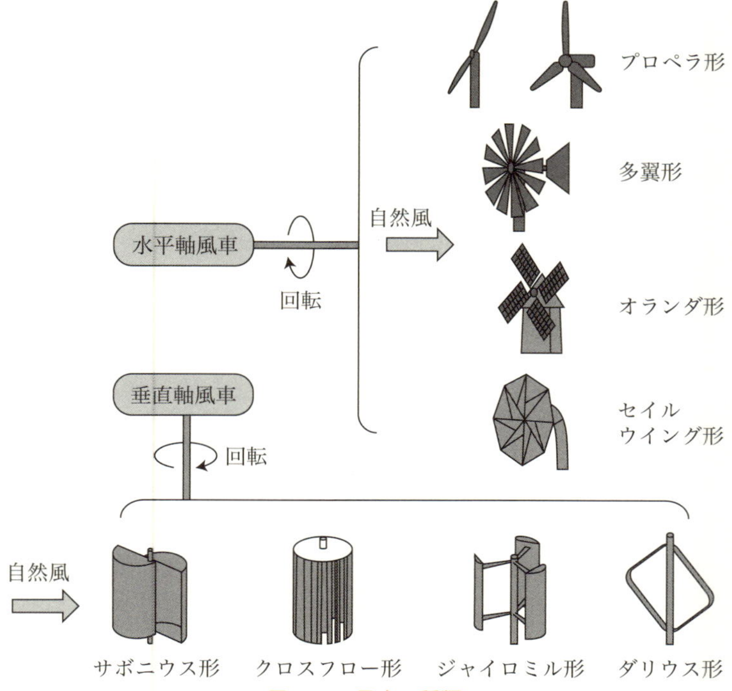


図2・7 風車の種類

図2・7は風車の種類を説明したものである[7].

表2・1　風車の分類

| 項目 | 分類 | 特徴 |
|---|---|---|
| (i)　回転軸の方向 | 水平軸風車 | ロータ軸が水平向き（風に対して平行）で，風向変化で性能が変わるため風向に応じた方向制御（ヨー制御）が必要．支持塔（タワー）や発電機などの重量物の設置が複雑． |
| | 垂直軸風車 | ロータ軸が鉛直向き（風に対して垂直）で，風向変化で性能が変わらない．支持塔や発電機などの設置が簡単． |
| (ii)　流体からエネルギーを得る仕組み | 揚力形風車 | 主として翼（ブレード）に作用する揚力から回転力を得る．トルクが小さく，高速化により高出力化が可能． |
| | 抗力形風車 | 主として翼あるいは羽根（ウイング）に作用する抗力から回転力を得る．トルクが大きく（微風でも回転しやすく），低速にしては高出力を発生． |
| (iii)　先端周速比λ（ブレード先端の周速度を上流の一様風速で割ったもの） | 高速風車<br>$\lambda \geqq 3.5$ | ダリウス風車やプロペラ風車は出力係数が高い．低速時に失速し易く，トルクが小さいため起動性に劣る． |
| | 中速風車<br>$1.5 < \lambda < 3.5$ | オランダ風車は，低速・高速風車の中間的な性能． |
| | 低速風車<br>$\lambda \leqq 1.5$ | サボニウス風車や多翼形風車は出力係数が低い．低速ながらトルクは高い． |
| (iv)　用途 | 揚水用風車 | ポンプ用に高トルクが必要なため，羽根枚数を増やす（抗力を増やす）．減速歯車が必要． |
| | 発電用風車 | 発電機用に高速回転が必要なため，翼枚数を減らす（抗力を減らす）．増速歯車が必要． |
| (v)　大きさ | 小形 | 主として小規模な個人事業用． |
| | 中形 | 主として中規模な独立電源用（離島などアクセスが困難な場所）． |
| | 大形 | 主として大規模な公共事業用． |

### (i) 回転軸の方向

風車のブレード（翼）を支える回転軸（羽根軸，ロータ軸）が水平向きであり，したがって地面に平行な風に対してはブレードの回転面（ロータ面）が，直角となるものを水平軸風車という．逆に，ロータの回転軸が鉛直向きであり，したがって地面に平行な風に対してはロータ面（ブレードが描く軌道円）が，平行となるものを垂直軸風車という．このタイプの風車では風向の変化は性能に影響を及ぼさない．

水平軸風車は，風に正対する必要がある．このため，タワーよりも上流側に回転面をもつ，アップウインド風車（図2・8(a)の形式）では，風見鶏の尾板と同様な尾部フィンを設けるか（小形風車），電動ヨー制御によって，タワー上のナセルに適切な首振り（ヨー制御，Yaw control）をさせること（大形風車）が必要になる．一方，タワーの下流側に回転面をもつ，ダウンウインド風車（図2・8(b)の形式）では，自動的に回転面が風に正対するので，ヨー制御が不要という利点がある．しかし，タワーの後流（周期的に変動する乱れた気流）中をブレードが回転するので，騒音やブレードの疲労強度への配慮が必要になる．

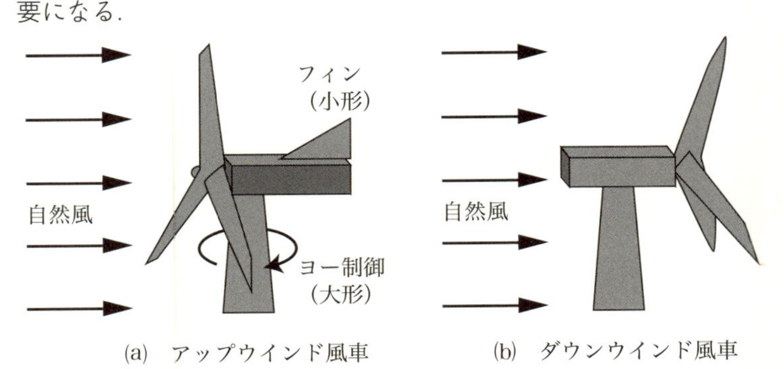


図2・8 水平軸風車におけるロータ（ブレード）の取り付けに関する分類

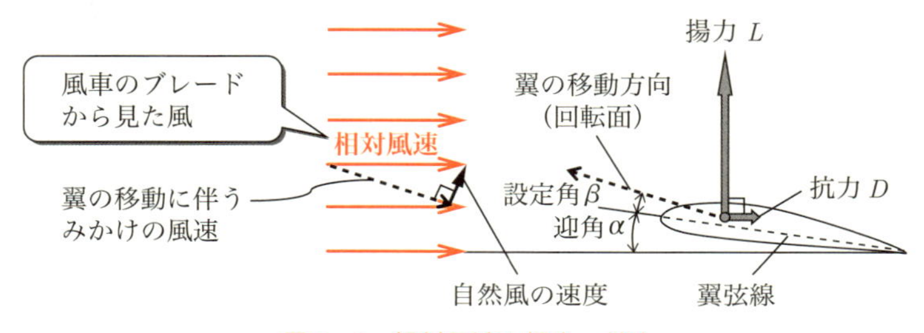


図2・9　相対風速と揚力・抗力

### (ii)　流体からエネルギーを得る仕組み

2.1で説明した，ブレードに対する相対風速に直交する向きに働く空気力を揚力といい，相対風速の向きに働く空気力を抗力という．図2・9は，ブレードを半径方向から見たもので，右斜め上向きの自然風（黒い実線）と右斜め下向きの黒い破線で示した“翼の移動に伴うみかけの風速”とを合成した相対風速（赤い実線群）に対して，揚力と抗力とが描いてある．ブレードは左斜め上に動く（図中の回転面内で回る）．一般に，翼弦が一様流となす角を迎角といい，$\alpha$（アルファ）で表す．また，設定角は $\beta$（ベータ）で表す．風車には，揚力 $L$（Lift）を利用したものと抗力 $D$（Drag）を利用したものとがある．図2・2は前者（揚力形風車）であり，微風では回転を始めないが，ブレード枚数を少なくして高速化することで大きな出力が得られる．このため，水平軸のプロペラ式風車（地表から離れた高速の風を利用）が，大規模な風力発電風車として最も利用されている．後者（抗力形風車）は微風での始動性が高く（高トルク），農場などで水を汲み上げる多翼形風車（図1・28参照）として活用されることが多い．

揚力 $L$ と抗力 $D$ はそれぞれ式(1)，式(2)で表される．

$$L = C_L \frac{\rho U^2}{2} S \tag{1}$$

$$D = C_D \frac{\rho U^2}{2} S \tag{2}$$

ここで，$C_L$，$C_D$ は揚力係数，抗力係数であり，翼形，レイノルズ数および迎角 $\alpha$ に依存する．$\rho$ は空気の密度，$U$ は相対風速，$S$ はブレードの投影面積（後述の平面翼の場合は，翼弦長×翼幅）である．レイノルズ数とは，流れの粘性力に対する慣性力の比を表す無次元数である[9]．

図2・10は翼の長さ（翼弦長）がブレードの先端にいくほど小さくなる，テーパ翼に働く揚力・抗力の模式図である．図では，一様風速が翼幅（ブレードの根元から先端までの幅）にかかわらず一定の大きさと向きとをもつと仮定した場合のものである．すなわち，巡航速度で飛行し，一様流を受ける航空機翼の場合を想定している．一方，翼弦長が一定であり，風車を正面から見た場合に，ブレードが長方形に見えるものを平面翼という．

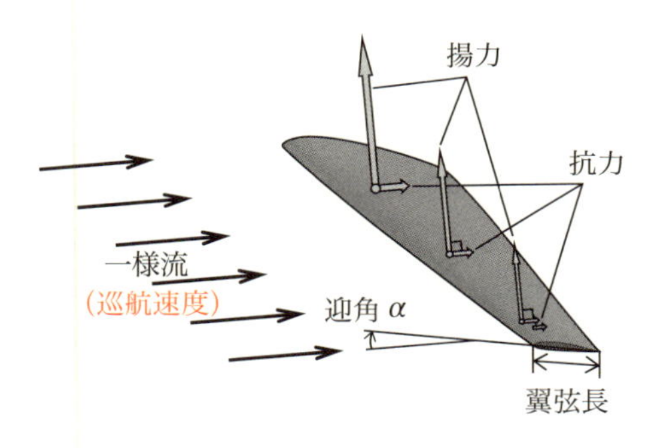


図2・10　テーパ翼の揚力・抗力（航空機）

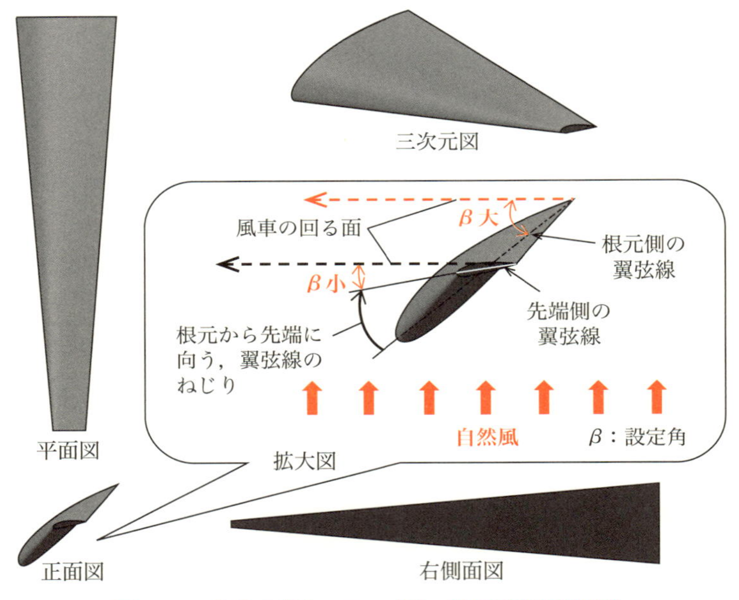


図2・11 ねじり付きのテーパ翼の例（反時計回り用）

航空機翼とは異なり，回転する風車ブレード（翼）の場合は，ブレードの先端ほど周速度が大きくなり，周速度の反対向きに発生する，翼の移動に伴うみかけの風速と，自然風の速度とが合成された相対風速は先端ほど大きく，その向きは回転面に平行な状態に近づく．このため，テーパ翼とする方が，強度的にも無駄がなく，加えて図2・11のように，ブレードの先端では翼弦と回転面となす角（設定角，取付角，$\beta$，図2・9）が小さく，ブレードの根元では$\beta$が大きくなるよう，ブレードには「ねじり（ひねり，ツイスト）」が付けてある．このブレードのねじりは，図2・12に示すオランダ風車においても，確認することができる．

図2・12　オランダ風車翼のねじり（デルフト近郊）

### (iii)　先端周速比 $\lambda$

ブレード先端の周速度を上流の一様風速で割ったものを先端周速比といい，$\lambda$（ラムダ）で表す．直径100 mを超えるような超大形のプロペラ風車では，先端周速度は時速250 km以上にもなり，ブレードはもちろん，回転軸を支える軸受け（ベアリング）も過酷な環境にさらされる．この場合，風車翼の空力騒音[24]を抑える工夫や野鳥のブレードへの衝突（バードストライク）の防止策も大切である．

ブレードの翼弦方向（翼の前縁と後縁とを結んだ直線）に対して，相対風速の向きが大きくなりすぎると（迎角 $\alpha$ が一定値を超えると），風がブレード表面に沿って滑らかに流れることができなくなり，揚力が失われるとともに抗力が急増する．これを失速（ストール）といい，風車の運転が不安定となるので避けなければならない．

ただし，最近の大形プロペラ風車では，ブレードまわりの風の流れ方によって風車の回転数や出力が変化することを積極的に利用したピッチ制御（Pitch control）が行われていることが多い（図2・1参照）．ブレードの根元は，ハブと呼ばれる円柱状もしくは半球状の部分に固定されるが，ピッチ制御では風速に応じて，ハブ内のモータによって，個々のブレードを中心軸まわりに回転させ，翼弦がロータ面となす角（設定角$\beta$）を調整（したがって，迎角$\alpha$を調整）することが行われる．

### (iv) 用途

発電用風車では高速化が必須のため，空気抵抗を抑えるために翼枚数を減らすことが有効である．バランスの問題で3枚翼のプロペラ風車が主流だが，現地工事と翼の輸送の容易さもあって，2枚翼や1枚翼のプロペラ風車も風力発電に利用されている．

### (v) 大きさ

一般的に，小さい風車は小規模な個人事業用，農場用，環境シンボル・オブジェ用，あるいは教育・研究用に利用されることが多い．風力発電の導入を検討する際の手引きとして，風力発電導入ガイドブック[22]があり，(1)定格出力の大きさ，(2)回転軸の方向・作動原理の種類についての解説がある．出力（定格容量）による発電用風車の分類を表2・2に示す[25]．

表2・2　出力による発電用風車の分類

| 名称 | 出力 |
|---|---|
| マイクロ風車 | 1 kW未満 |
| 小形風車 | 1～50 kW未満 |
| 中形風車 | 50～1000 kW未満 |
| 大形風車 | 1000 kW以上 |

### コラム 日本国内の風車の例（公的機関の風力発電所）

図2・13は鳥取市にある鳥取放牧場風力発電所である．ロータ直径61.4 m，ロータ回転数19.8 rpmの1 MW風車が1列に3基並んでいる．遠景写真は鳥取市街地側から風車を見たもので，南・北風の頻度が高いために風車が東西に並んでいることがわかる．

① 売電額は？

年間目標発電量4 695 500 kWhに売電単価をかけると，売電額が推算できる．発電コストについては図1・5を参照のこと．

② メンテナンスは？

一般的に，太平洋側の夏季の夕立ちに伴う雷以上に，日本海側では冬季の落雷による問題が起きやすく，風車のメンテナンスにも手間がかかる．風車に問題が起きていないか，常に鳥取市内の事務所から遠隔管理がなされている．

③ 風車はいつとまる？

鳥取放牧場風力発電所の近くにはスカイ・スポーツのメッカである霊石山（標高334 m）がある．バードストライクによる風車の停止事例はないが，ハンググライダーやパラグライダーがとぶときには，申請に基づいて風車の停止をする場合もある．もちろん，強風時や保守・点検時にも風車を止める場合がある．

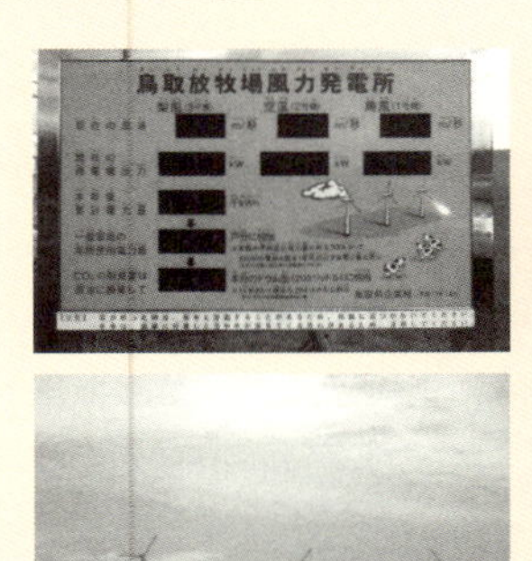

図2・13 鳥取放牧場風力発電所（著者撮影）

## 2.3　風車の効率（エネルギー変換）

### (i)　風のエネルギーと風車の仕事率

風のパワー，すなわち仕事率（単位：ワット [W]＝[J/s]）は風速の3乗に比例する．これは，図2・14に示すように，面積 $A\,[\mathrm{m}^2]$ を通過する風速 $V\,[\mathrm{m/s}]$ の風が単位時間（1秒間）に行う可能性のある仕事量を考えれば理解できる．風すなわち空気の流れであるが，その空気の単位体積当たりの質量が密度 $\rho$ $[\mathrm{kg/m^3}]$ であり，この単位体積の空気塊が速度 $V\,[\mathrm{m/s}]$ で運動していれば，この空気塊の運動エネルギーは $\left(1/2\right)\rho V^2$ $[\mathrm{J/m^3}]$ である．単位時間に面積 $A$ を速度 $V$ で通過する空気（風）が占める体積（体積流量という）は $A\,V\,[\mathrm{m^3/s}]$ であるので，単位体積当たりの運動エネルギーに単位時間当たりに占める体積を掛け合わせると，風のパワー $P_{\mathrm{W}}$ は

$$P_{\mathrm{W}} = \frac{1}{2}\rho A\,V^3\ [\mathrm{J/s}] \tag{3}$$

となる．あるいは同じことであるが，速度 $V\,[\mathrm{m/s}]$ で運動している密度 $\rho$ $[\mathrm{kg/m^3}]$ の流体（空気）は，その運動方向に単位面積当たり $\left(1/2\right)\rho V^2$ $[\mathrm{N/m^2}]$ の力を及ぼす．これを動圧といい，図2・14では記号 $p_{\mathrm{k}}$ で示してある．動圧は定義式からわかるように流体の単位体積当たりの運動エネルギーに相当する．空気流すなわち風が，面積 $A\,[\mathrm{m}^2]$ に及ぼす力は $F = p_{\mathrm{k}} \times A = \left(1/2\right)\rho A\,V^2$ $[\mathrm{N}]$ であり，この力が単位時間（1秒間）に行う仕事すなわち仕事率（パワー）は，力 $F\,[\mathrm{N}]$ と速度 $V\,[\mathrm{m/s}]$ の積で与えられ，式(3)と同じく，$P_{\mathrm{W}} = \left(1/2\right)\rho A\,V^3$ $[\mathrm{J/s}]$ となる．

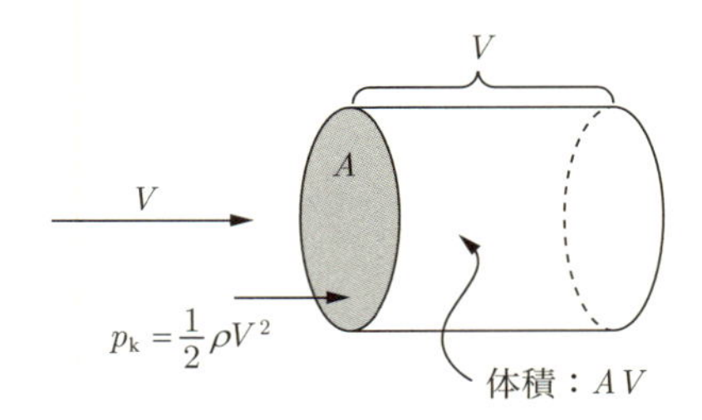


図2・14　風のパワーの導出

いま，図2・15のように，風車の受風面積を$A$[m$^2$]とおく．風車のロータ半径を$R$[m]とすれば，$A=\pi R^2$である．風車の上流遠方における風速が$V_0$[m/s]で一様であると仮定する．また，風車ロータが風の力で回転し，単位時間で$P_R$[W]の機械的動力を風力エネルギーから取り出すことができたとする．このとき，風車の受風面積$A$と同じ面積を通過する風車上流の風速$V_0$の風が持つ単位時間当たりのエネルギー（パワー）[あるいは受風面積$A$を上流に投影した面積部分を通過する風速$V_0$の風のパワー]

$$P_W = \frac{1}{2}\rho A V_0{}^3 \ [\mathrm{W}](=[\mathrm{J/s}]) \tag{4}$$

に対する風車が取り出した機械的動力：$P_R$[W]の割合すなわち$P_R/P_W$を風車のパワー係数（または出力係数）$C_p$と定義する．

$$C_p = \frac{P_R}{P_W} = \frac{P_R}{(1/2)\rho A V^3} \tag{5}$$

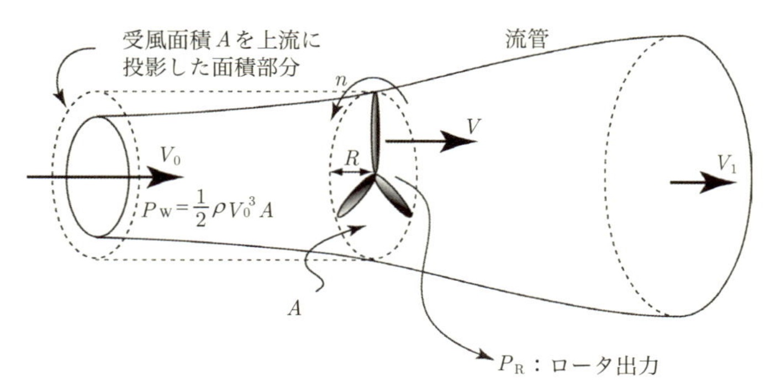


図2・15　風車を通過する空気流モデルと風車ロータの出力

風（空気流）から見れば，風車によってエネルギーを奪い取られるので，風のエネルギーは減少する．したがって，風車を通過する風速 $V$ は上流の風速 $V_0$ よりも減少しており，一般に風車の下流に向かっていくとさらに流速は減少する．したがって，風車の下流遠方における風速を $V_1$ とすれば，$V_0 > V > V_1$ の関係となる．空気流の速度が音速（約340 m/s）よりも十分に遅い状態であれば，空気は収縮しない（非圧縮性：単位体積当たりの質量，すなわち密度は不変）と仮定できる．図2・15のように，風車ロータの縁（翼の先端）より内側を通過する空気の流れ（流管）を考え，空気流はこの流管の断面内で同じ速度を持つ（一様流れ）と仮定すれば，質量の保存から，上流から下流に向かう流速の減少に伴って，その断面は拡大することになる．

### (ii)　風車の理論最大効率

ここでは，風車の理論最大効率いわゆるベッツ限界を説明してみよう．図2・15では，3枚翼のプロペラ風車をイメージして描いてあるが，これから述べる理論（運動量理論あるいはアクチュエータ・ディスク理論）では，風車の形や翼の枚数などは考慮しない．代わりにア

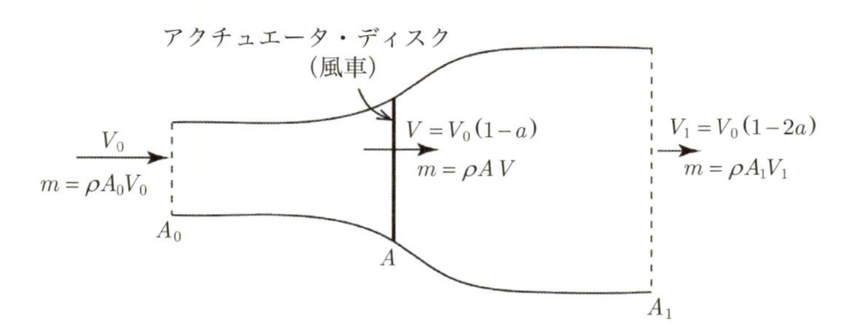


図2・16　アクチュエータ・ディスク理論の流れ場モデル

クチュエータ・ディスクと呼ばれる仮想円盤をモデルとして考える．このアクチュエータ・ディスクは，厚みは無く，空気を摩擦による損失なく通過させる（したがって，アクチュエータ・ディスクの直前と直後で速度は変化しない）が，同時に空気流からエネルギーの一部を取り出す仮想的な装置として導入される．したがって，たとえば，垂直軸風車をこの1つのアクチュエータ・ディスクに置き換えてモデル化することも可能である．図2・15の風車をアクチュエータ・ディスクに置き換え，真横から見た場合を図2・16に示す．

すでに図2・15の説明で仮定したように，風車を通過する空気（風）は非圧縮性流体であり，速度は上流から下流に向かって減速する．ただし，どの程度減速するかは，風車の形状や翼の枚数および回転状態などによって変化する．風車の特性を予測する理論では，風車を通過する未知の風速 $V$ を求めることが最初に行うべき重要なプロセスとなる．そこで，風速の減少率を表すために1つのパラメータ $a$ を導入する．すなわち，上流速度 $V_0$ の $a$ 倍だけ速度が減少すると仮定すれば，風車（アクチュエータ・ディスク）を通過する風速 $V$ は速度減少率 $a$ を用いて次のように書ける．

$$V = V_0(1-a) \quad (6)$$

ここで，述べている理論の仮定をもう少しだけ詳しく説明しておく．風車を通過する空気は一様な流れであり（断面内の速度は同じ），非圧縮性流体と仮定しているので，流れの減速に伴って，その流れの断面積は増加する．図2・16において，$A_0$, $A$, $A_1$は風車を通過する空気の通り道（流管）の各位置における断面積を表している．単位時間に流管中のある断面を通過する質量$m$[kg/s]（質量流量という）は質量保存則から流管のどの断面でも等しく，

$$m = \rho A_0 V_0 = \rho A V = \rho A_1 V_1 \quad (7)$$

の関係がある．また，実際の風車の下流側（後流，ウエイク（Wake）図1・16参照）では，空気の流れは風車の回転方向とは逆方向に回転する（図2・35参照）．これは作用と反作用の関係によるが，ここで述べる最も簡単な基本的運動量理論では，風車下流の流れは回転しないと仮定する．

詳細は省くが，運動量理論によると，3つの風速について，次の重要な関係が得られる（導出の詳細は巻末付録を参照）．

$$V = \frac{V_0 + V_1}{2} \quad (8)$$

式(8)は，風車を通過するときの速度$V$は上流速度$V_0$と下流速度$V_1$のちょうど平均になっていることを示している．式(8)を式(6)に代入すれば，次の関係が得られる．

$$V_1 = V_0(1-2a) \quad (9)$$

式(9)は下流側でも，上流側と同じ量（$aV_0$）だけ，さらに速度が減

少することを意味している．実際の大形風車においても運動量理論に基づいて設計や解析が行われているが，風車を通過する空気の流速が式(6)および式(9)で表されるということが運動量理論の重要な結果の1つである．

準備ができたので，ここから本題である風車の理論最大効率を求めていこう．風車ロータ（アクチュエータ・ディスク）で取り出される単位時間当たりのエネルギーすなわち機械的動力 $P_{\mathrm{R}}$[W] は，風車を通る流管の上流遠方から流入してくる単位時間当たりの運動エネルギー $\left(1/2\right)mV_0^{\,2}$ と下流遠方で単位時間に流出する運動エネルギー $\left(1/2\right)mV_1^{\,2}$ の差に等しい．したがって，式(7)で導入した質量流量 $m=\rho AV$ [kg/s] についての関係を用いると，風車ロータの動力 $P_{\mathrm{R}}$ は次のように表される．

$$\begin{aligned} P_{\mathrm{R}} &= \frac{1}{2}m\left(V_0^{\,2}-V_1^{\,2}\right)=\frac{1}{2}\rho AV\left(V_0^{\,2}-V_1^{\,2}\right) \\ &= \frac{1}{2}\rho AV\left(V_0+V_1\right)\left(V_0-V_1\right) \end{aligned} \tag{10}$$

上式右辺において，$V$ に式(6)を代入し，$\left(V_0+V_1\right)$ は式(8)から $2V$ すなわち $2V_0\left(1-a\right)$ で置き換え，$\left(V_0-V_1\right)$ は $V_1$ に式(9)を代入することによって $2aV_0$ となるので，風車ロータの動力 $P_{\mathrm{R}}$ が速度減少率 $a$ の関数として式(11)で表すことができる．

$$P_{\mathrm{R}}=\frac{1}{2}\rho AV_0^{\,3}\left\{4a\left(1-a\right)^2\right\} \tag{11}$$

式(5)で定義したように，パワー係数 $C_{\mathrm{p}}$ は上流風速 $V_0$ の風力エネルギー $P_{\mathrm{W}}=\left(1/2\right)\rho AV_0^{\,3}$ に対する風車が取り出す動力 $P_{\mathrm{R}}$ の割合 $P_{\mathrm{R}}/P_{\mathrm{W}}$ であるので，式(11)を $P_{\mathrm{W}}$ で割ると，

$$C_p = 4a(1-a)^2 \tag{12}$$

となる．式(12)は運動量理論から導かれた理論的パワー係数を表しており，パワー係数が速度減少率 $a$ の3次関数になっていることを示している．理論パワー係数のグラフを横軸に速度減少率 $a$ をとって描くと，図2・17のようになる（横軸との交点すなわち $C_p = 0$ となるのは $a=0$ と $a=1$ のとき）．

式(9)からわかるように，速度減少率 $a$ が0.5よりも大きくなると，下流遠方における流速 $V_1$ がマイナスの値（つまり逆流状態）になってしまうので，運動量理論における速度減少率の有効範囲は $0 < a < 0.5$ となる．図2・17からわかるように，この理論の有効範囲内でパワー係数は $a=1/3$ において最大値 $C_p^{max} = 16/27 \fallingdotseq 0.593$ をとる．この値がベッツ限界であり，一般的な風車の理論最大効率を与える．

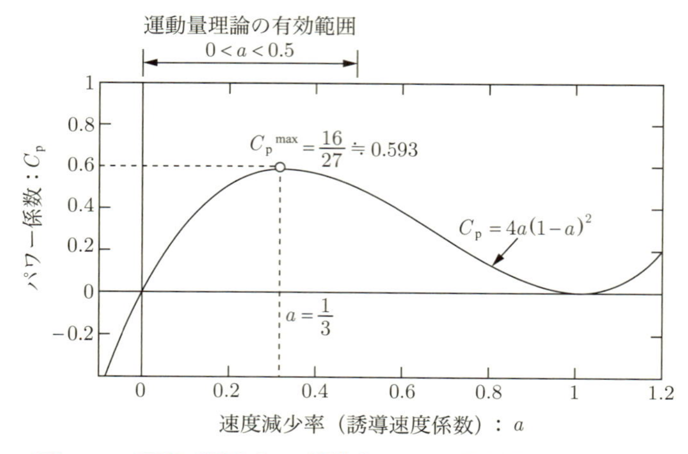


図2・17　風車の理論パワー係数（$a=1/3$ で最大値16/27を得る）

図2・18に速度減少率$a$と風車に流入する流体エネルギーの関係を模式的に示す．図2・18[1]に示す速度減少率$a$が1/3よりも小さい場合（翼枚数が少ない場合や回転数が小さい場合など）は，風車を通過する空気流（風）の上流断面積$A_0$が大きく，多くの流体エネルギーが風車に流入するが，風車を素通りする流体エネルギーも多いため，パワー係数は小さい．これとは対照的な図2・18[3]に示す速度減少

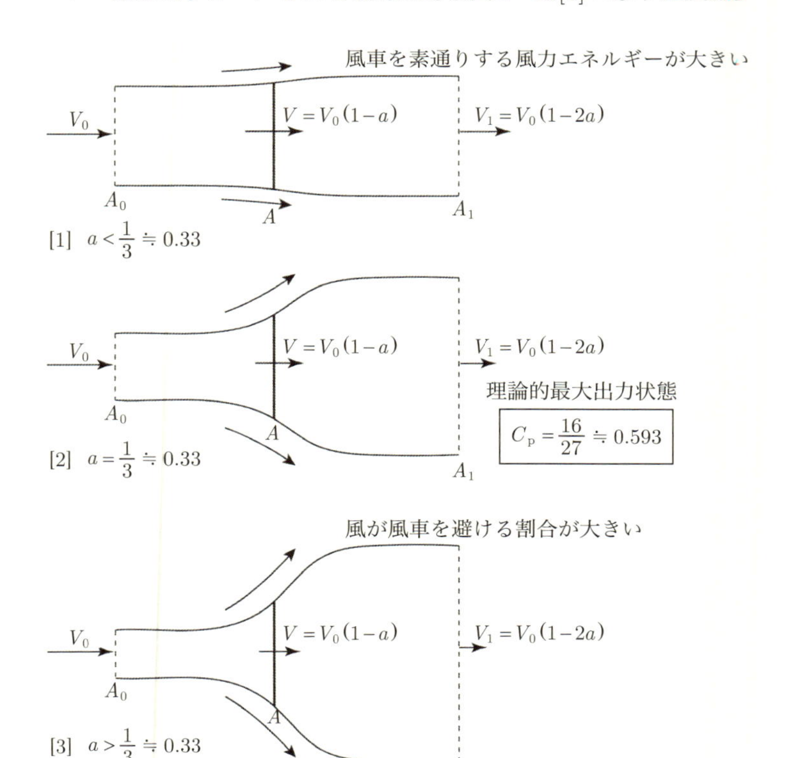


図2・18　速度減少率$a$と風車に流入する流体エネルギーの関係

率$a$が1/3よりも大きい場合（翼枚数が多い場合や回転数が大きい場合など）は，風車を通過する空気流（風）の上流断面積$A_0$が小さく，風の多くは風車を避けるように流れるため，風車に流入する流体エネルギーが小さくなって，やはりパワー係数は小さい．運動量理論から導かれた理論的パワー係数が最大となる状態（図2・18[2]）は，ちょうど図2・18の[1]と[3]の中間的な状態であると考えられる．

### (iii)　電気エネルギーへの変換

風力発電機では，風（Wind）の持つ流体エネルギー（$P_W$）が風車ロータによって機械的エネルギーであるロータ（Rotor）の回転エネルギー（$P_R$）に変換され，さらに発電機（Generator）によって電気的エネルギー（$P_e$）に変換される．小形風車の多くや特殊な装置を持った風車の場合は，風車ロータ軸と発電機は直結されるが，一般的には，発電機の効率が高くなる高い回転数まで回転速度を増加するために増速機（Gear Box）が用いられる（2.1(ii)参照）．

図2・19では，増速機を用いた場合の風力発電システムにおけるエネルギー変換と伝達装置の概要を示している．増速機では，歯車や軸受（ベアリング）などにおける摩擦によりエネルギーが損失するため，増速機の出力軸で得られる機械的動力（$P_M$）は，その入力軸側の動力（$P_R$）よりも減少する．その比$P_M/P_R$を増速機の効率$\eta_{gb}$とす

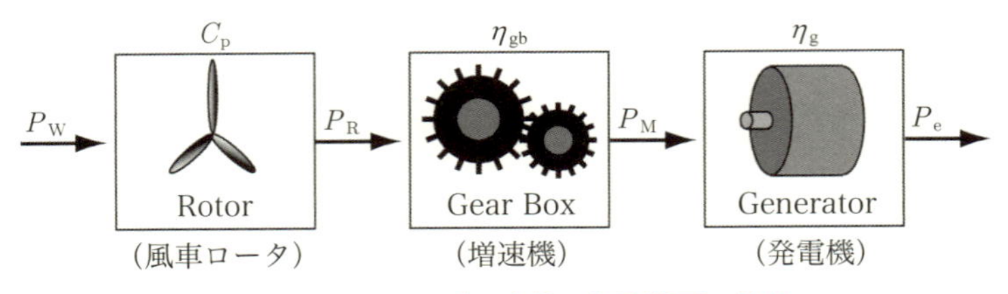


図2・19　エネルギー変換と伝達装置の効率

る．発電機においては，回転軸から入力された機械的（Mechanical）エネルギー（$P_{\mathrm{M}}$）により，発電機内部の電磁コイルと鎖交する時間的に変化する磁束変化を作り出し，電磁誘導の原理によって起電力を発生して，電気的（Electric）エネルギー（$P_{\mathrm{e}}$）に変換する（2.5参照）．このとき，流れる電流によってジュール熱が発生し，入力されたエネルギーの一部は熱エネルギーとなって失われる．また，発電機の軸受における摩擦などによっても入力エネルギーは失われる．そこで，発電機の出力（$P_{\mathrm{e}}$）と入力軸側動力（$P_{\mathrm{M}}$）の比 $P_{\mathrm{e}}/P_{\mathrm{M}}$ を発電機効率 $\eta_{\mathrm{g}}$ と定義する．したがって，発電機出力として得られる電気エネルギー（$P_{\mathrm{e}}$）は，その源である風車の受風面積に流入する風力エネルギー（$\mathrm{P_W}$）に風車ロータのパワー係数（$C_{\mathrm{p}}$）が乗じられて減るだけでなく，増速機（$\eta_{\mathrm{gb}}$）や発電機（$\eta_{\mathrm{g}}$）の効率に応じた損失も発生するため，次式で表される．

$$P_{\mathrm{e}} = P_{\mathrm{W}}\left(\frac{P_{\mathrm{R}}}{P_{\mathrm{W}}}\right)\left(\frac{P_{\mathrm{M}}}{P_{\mathrm{R}}}\right)\left(\frac{P_{\mathrm{e}}}{P_{\mathrm{M}}}\right) = P_{\mathrm{W}}C_{\mathrm{p}}\eta_{\mathrm{gb}}\eta_{\mathrm{g}} \tag{13}$$

上式より，風力エネルギー（$P_{\mathrm{W}}$）から電気エネルギー（$P_{\mathrm{e}}$）を取り出す総合効率 $\eta$（イータ）は次のように定義される．

$$\eta = C_{\mathrm{p}}\eta_{\mathrm{gb}}\eta_{\mathrm{g}} \tag{14}$$

表2・3に，各装置の効率のサイズ依存性の概略値を示す[26]．ここで大形風車を想定し，各装置の効率を $C_{\mathrm{p}}=0.45$，$\eta_{\mathrm{gb}}=0.90$，$\eta_{\mathrm{g}}=0.92$ と仮定して，具体的なエネルギー変換と損失の割合を算出してみよう．

**表2・3　各装置の効率のサイズ依存**

| 要素 | サイズ | 効率 | 出力 |
|---|---|---|---|
| 風力タービン（プロペラ型）$C_p$ | 大形 | 40～50 % | 100 kW～5 MW |
| | 小形 | 20～40 % | 1 kW～100 kW |
| | マイクロ | 20～35 % | ～1 kW |
| 増速機 $\eta_{gb}$ | 大形 | 80～95 % | — |
| | 小形 | 70～80 % | — |
| 発電機 $\eta_g$ | 大形 | 80～95 % | — |
| | 小形 | 60～80 % | — |

風車に流入する風力エネルギーを基準として $P_W = 100$ %とする．まず，式(14)から，総合効率$\eta$は，

$$\eta = C_p \eta_{gb} \eta_g = 0.45 \times 0.90 \times 0.92 = 0.37 \tag{15}$$

である．したがって，風から電気エネルギーに変換される割合は，

$$P_e = P_W \eta = 100 \times 0.37 = 37 \ \% \tag{16}$$

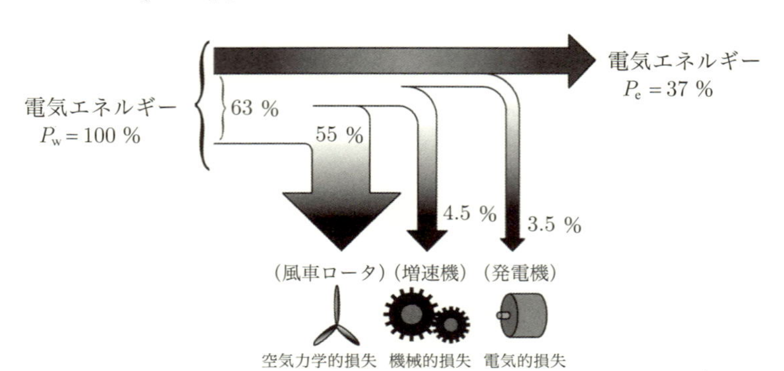


**図2・20　エネルギー変換と損失の具体的計算例**
**（$C_p = 0.45$, $\eta_{gb} = 0.90$, $\eta_g = 0.92$ を仮定した場合）**

であり，残りの63 %は損失となる．各装置における損失割合を求めると，風車ロータにおける空気力学的損失（風車を通過する風エネルギー）が55 %，増速機における損失が4.5 %，発電機における損失が3.5 %となる．この状況を図2・20にまとめる．

## 2.4　年間発電量推定

### (i)　風況観測と風速の高度分布

風力発電を導入するためには，その設置場所（サイト）の風況（風速・風向・乱れ強度などの状態）を観測して，1年間でどれだけの発電量が期待できるかを予め見積もっておく必要がある．この風況観測（風況精査）は通常1年間行うことが推奨されている．計測すべき風況は，設置する予定の風車のハブ高さ（風車ロータ中央部の高さ）における値が必要であるが，最近の大形風車では，ハブ高さが100 mに近いものもある．そのように地上高が高い場所に計測器を設置して風況観測を行うには高額な費用が必要となるため，一般には，図2・21に示すように，ハブ高さよりも低い高さの2つの地上高（$h$と$z$）に風

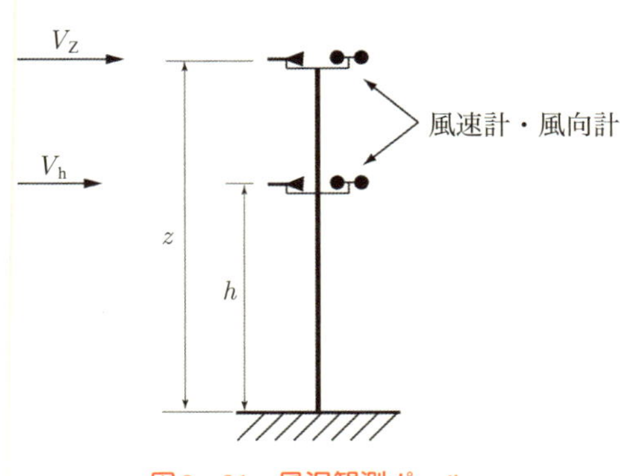


図2・21　風況観測ポール

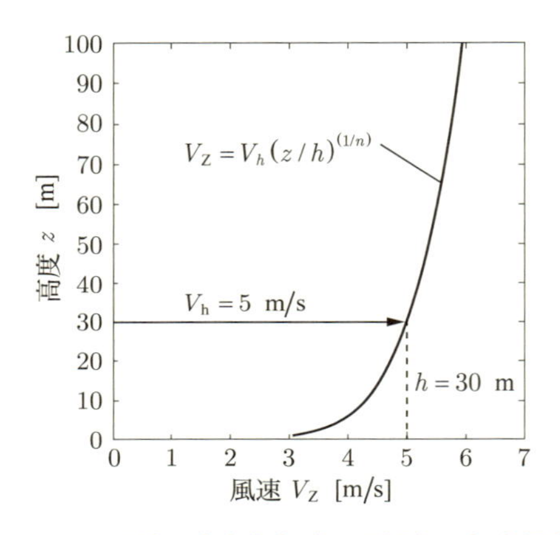


図2・22　風速の高度分布（べき法則モデル）場合）

速計と風向計をそれぞれ設置して計測を実施する．2つの地上高（たとえば30 mと40 m）で得られた風速データを使用して，任意の高さにおける風速を推定する．

地球の表面のごく近い部分（地面からおよそ1 km～2 kmまでの範囲）は，流体力学において知られている境界層（壁面近くの速度変化がある部分）に相当する大気境界層が存在する（図1・15参照）．大気境界層において，大気が安定している状態では，地表面を高さの原点とした平均風速の高度分布は，図2・22のように，上空に向かって単調に増加することが知られている．この風速の高度分布を表す1つのモデルとして，式(17)のべき法則がある．

$$V_z = V_h \left(\frac{z}{h}\right)^{\frac{1}{n}} \tag{17}$$

表2・4 地表の状態に対するべき指数の値[6]

| 地表の状態 | $n$ |
|---|---|
| 非常に滑らかな面，静かな海面 | 10 |
| 平野，草原 | 7 |
| 森林，田園，高い建物のない市街地 | 4 |
| 大都市の郊外周辺 | 3 |
| ビルが立ち並ぶ大都市中心付近 | 2 |

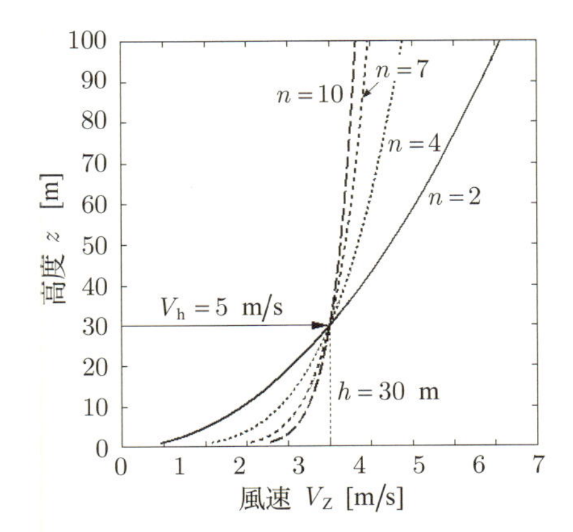


図2・23 風速の高度分布のべき指数（$n$）依存性

式(17)において，$h$は基準となる高さであり，$V_h$はその基準高さにおける風速である．$z$は任意の高さであり，$V_z$は高さ$z$における風速を表す．$n$は地表の状態の影響を表すパラメータ（べき指数）であり，表2・4に代表的な地表状態とそれに対応するべき指数の値を示す[6]．

図2・23に，基準高さを$h = 30$ m，その高さにおける風速を$V_h = 5$ m/sと仮定した場合の風速の高度分布のべき指数依存性を示す．この図より，地表の状態の凹凸が激しくなる（$n$が小さくなる）ほど，低い高

度における風速は小さくなり，逆に地表面が滑らかになる（$n$が大きくなる）ほど，低い高度でも大きな風速が期待できることがわかる．なお，上空（たとえば100 m）において，傾向が逆転しており，地表の状態の凹凸が激しくなる（$n$が小さくなる）ほど，高い高度における風速が大きくなっているように見えるが，これは，基準高さと基準風速を固定したためであり，上空の一様な風速の大きさ（大気境界層の外部の風速）は，その直下の地上の状態から直接的には影響を受けないことを注意しておく．

図2・21に示したように，2つの高度（$h$, $z$）において，たとえば1年間，風況観測を実施すれば，各高度における年平均風速が得られる．それらの値を式(17)に代入してサイト（風車の設置場所）特有のべき指数$n$を求めれば，そのサイトの地表の状態を反映した上空の任意の高度の平均風速が，べき法則から算出できることになる．

### (ii)　風速の度数分布（風速出現率）

風況観測では，通常，風速と風向が計測・記録される．風向の分布を調べることは，風車の向きや複数の風車の設置の方法（並べ方）などを検討する上で重要なデータとなるが，ここでは，風力エネル

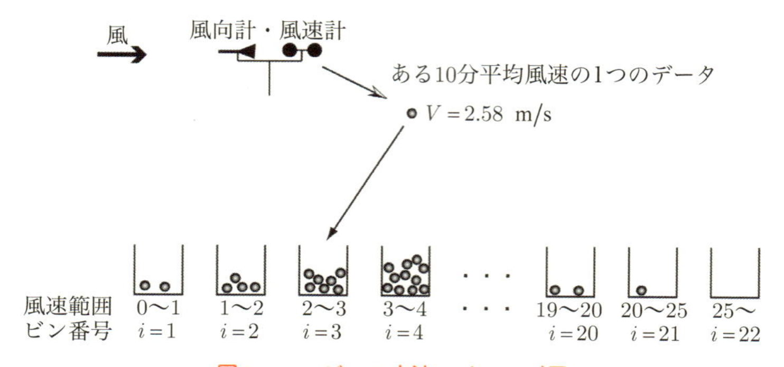


図2・24　ビンの方法のイメージ図

ギーに直接関係する風速データに的を絞って述べる．

多くの場合，風況データ（風速・風向）の計測間隔は秒単位で行われるが，10分間の平均値のみを記録することが一般的である．計測・記録されたデータの処理方法として，ビンの方法（Method of bins）と呼ばれるやり方がある．図2・24に風速データを仮定したビンの方法のイメージを示す．ビンの方法では，仮想的なデータの入れ物すなわちビンをいくつか用意しておき，それぞれのビンには，ビン番号$i$とそれに入れる風速データの風速範囲を予め決めておく．

図2・24では，ビン番号$i=1$は風速0 m/s以上1 m/s未満，ビン番号$i=2$は風速1 m/s以上2 m/s未満，・・・，ビン番号$i=21$は風速20 m/s以上25 m/s未満，ビン番号$i=22$は風速25 m/s以上としている．これらのビンに10分毎に記録された風速データをその値に応じて振り分けて，観測期間（たとえば1年間）における各ビンの中のデータ数$N_i$を数える．すべてのビンに入れられたデータの個数を足し合わせて総データ数$N_{all}$を求め，各ビンのデータ数が総データ数の何%に相当するかを計算すれば（$N_i/N_{all}\times100$），図2・25のよ

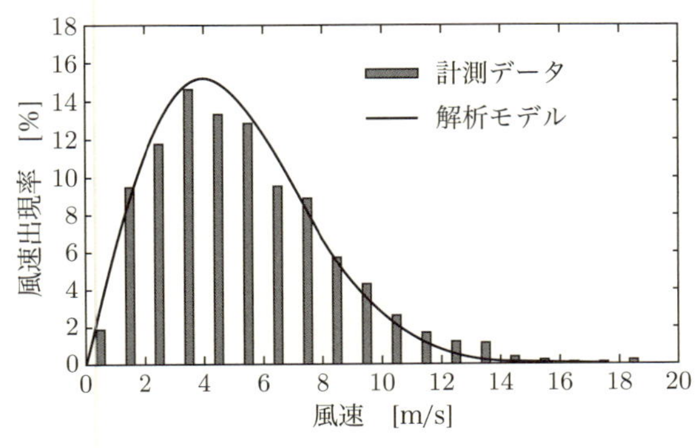


図2・25　風速の度数分布（風速出現率）の例

うな棒グラフを描くことができる[26]．これが各ビン（図2・25の横軸）の表す風速の出現率になっており，風速の度数分布が得られたことになる．

図2・25に示した曲線は，計測データから得られた風速の度数分布である棒グラフの概形を近似する解析モデルである．風速の度数分布を表す解析モデルとしては，ワイブル（Weibull）分布が知られている．簡単のため，本書ではワイブル分布の特殊な場合であり，分布を指定するパラメータが1つだけのレイリー（Rayleigh）分布を紹介する．

任意の風速 $V$ のレイリー分布による風速出現率を表す確率密度関数 [s/m]（百分率の値を100で割って最大を1とする）を $f_{\mathrm{R}}(V)$ とすれば，

$$f_{\mathrm{R}}(V)=\frac{\pi}{2}\frac{V}{\overline{V}^{2}}\exp\left\{-\frac{\pi}{4}\left(\frac{V}{\overline{V}}\right)^{2}\right\} \tag{18}$$

となる．ここで，$\overline{V}$ は平均風速であり，分布の形状を指定する唯一のパラメータである．exp{ } は指数関数を示す．レイリー分布に

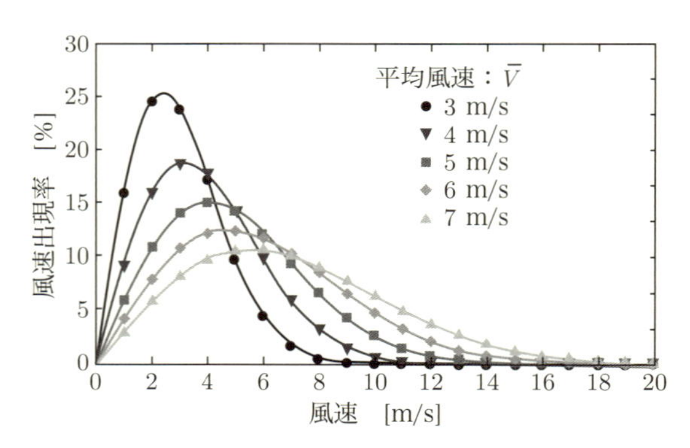


図2・26　レイリー分布における風速出現率の平均風速依存性

よる風速出現率の平均風速依存性を示すために，図2・26に平均風速$\bar{V}$を3～7 m/sに変えた場合の結果を示す[26]．なお，図2・26では縦軸の風速出現率を百分率[%]で表しているので，式(18)で算出される値を100倍していることに注意する．また，確率密度関数$f_R(V)$ [s/m]に風速幅$\Delta V$ [m/s]（あるいはビン幅）をかけることで，その積$f_R(V)\times\Delta V$がその風速幅$\Delta V$に入る風速の確率となる．図2・26ではビン幅を$\Delta V$＝1 m/sとしているので，1 m/s間隔でプロットしてあるシンボル（●や▼など）は各ビンに相当する風速範囲の風速が出現する確率に相当する．たとえば，図2・26の横軸の風速2 m/sは，ここでは風速1.5 m/s以上2.5 m/s未満のビンの代表風速を表しており，風速2 m/sに相当する風速出現率24.6 %（確率密度）は，ビン幅$\Delta V$＝1 m/sである風速1.5 m/s以上2.5 m/s未満のビンに相当する風速が期待される確率の値になっている．

### (iii) 風力発電機の性能曲線（パワーカーブ）

年間発電量の予測を行うには，サイトの風速出現率に加えて，設置を検討している風力発電機の性能曲線（パワーカーブ）のデータが必要である．仮想のデータであるが，図2・27に2 MWの大形風車を想定したパワーカーブの例を示す．横軸は風速$V$[m/s]であり，縦軸は発電出力$P_e$[kW]をとってある．図2・27に示す風車では，風速3 m/sになったら発電が開始され（このときの風速をカットイン風速：$V_{in}$という），発電機の定格出力（最大出力に相当：Rated power）に到達する風速（この風速を定格風速：$V_{RV}$という）になるまで，風速の3乗に比例して発電出力が増加する．風速が定格風速以上になった場合，この仮想風車では，翼にひねり（ピッチ角）を与えて出力が一定になるように制御（ピッチ制御，2.2(iii)参照）をすることを想定している．風速が25 m/s以上になった場合には，翼のピッチ角を大きく変化さ

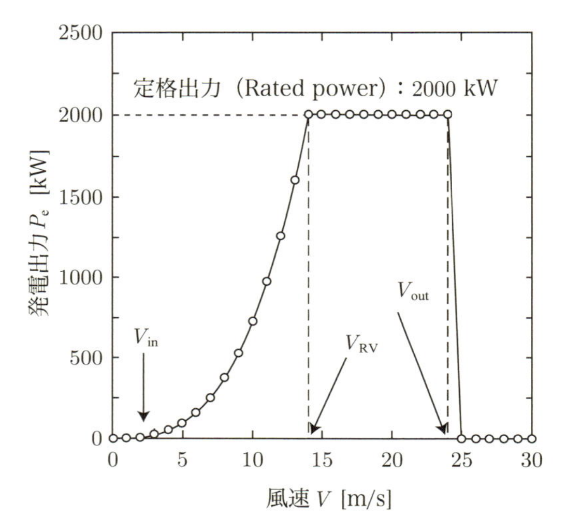


図2・27　仮想の2 MW風車のパワーカーブ（出力特性）

表2・5　仮想の2 MW風車の各ビンの風速中央値と発電出力

| $V$[m/s] | $P_e$[kW] | $V$[m/s] | $P_e$[kW] |
|---|---|---|---|
| 1 | 0 | 16 | 2 000 |
| 2 | 0 | 17 | 2 000 |
| 3 | 20 | 18 | 2 000 |
| 4 | 47 | 19 | 2 000 |
| 5 | 91 | 20 | 2 000 |
| 6 | 157 | 21 | 2 000 |
| 7 | 250 | 22 | 2 000 |
| 8 | 373 | 23 | 2 000 |
| 9 | 531 | 24 | 2 000 |
| 10 | 729 | 25 | 0 |
| 11 | 970 | 26 | 0 |
| 12 | 1 259 | 27 | 0 |
| 13 | 1 601 | 28 | 0 |
| 14 | 2 000 | 29 | 0 |
| 15 | 2 000 | 30 | 0 |

せるなどして出力を低下させ最終的に風車にブレーキをかけて止めている．したがって，この仮想風車における発電を継続する最大風速は24 m/s（これをカットアウト風速：$V_{out}$という）である．

表2・5は図2・27とデータ的には同じものであるが，ビン幅$\Delta V$を1 m/sとした場合の各ビンにおける風速中央値（代表風速）と発電出力の具体的数値をまとめた表である．

### (iv)　年間発電量の予測式

前述のように，風車の導入予定サイトにおける風速出現率と風力発電機の性能曲線（パワーカーブ）のデータがあれば，年間発電量の予測が可能である．年間発電量（AEP：Annual Energy Production）の予測式は次で与えられる．

$$AEP[\mathrm{kWh}] = \sum_i P(V_i) \times f(V_i) \times \Delta V_i \times 8\,760 \qquad (19)$$

ここで，

$V_i$　　：$i$番目のビンの代表風速[m/s]
$P(V_i)$：風速$V_i$における発電出力[kW]
$f(V_i)$：風速$V_i$の出現確率密度[s/m]
$\Delta V_i$　：$i$番目のビンの風速幅[m/s]
8 760　：1年間（365日）の総時間[h]

である．式(19)において$\sum_i$記号はカットイン風速からカットアウト風速までのビンについて総和をとることを意味している．

簡単のため，全てのビンの風速幅を$\Delta V_i$=1 m/sとするならば，式(19)は次式で表現してもよい．

$$AEP[\mathrm{kWh}] = \sum_i P(V_i) \times f(V_i) \times 8\,760 \qquad (20)$$

式(19)および式(20)において，発電出力あるいは電力（パワー）は電気的仕事率であり，単位時間の仕事であるので，単位は[W]あるいは値が大きくなるため1 000倍した値の単位である[kW]を用いている．これに対して，年間発電量は，発電出力に時間が乗じられた物理量であるので，単位は[Ws]＝[J]，あるいは値が大きくなるため，[kW]に1時間（hour）を表す単位[h]を掛けた[kWh]で表されることに注意をしてほしい（1.1(iv)）．

年間発電量が予測できると，風力発電システムの性能を評価する上で重要な設備利用率（CF：Capacity Factor）も式(21)から簡単に予測できる．

$$\text{設備利用率[\%]} = \frac{\text{年間発電量[kWh]}}{\text{定格出力[kW]} \times \text{年間総時間([h])}} \times 100 \qquad (21)$$

設備利用率は上式の定義から明らかなように，定格出力が継続した場合の理想的発電状態に対する実際の発電量の割合を表す．実際の風力発電システムでは，25 %以上の設備利用率が得られることが望ましいとされている[6]．

### (v)　年間発電量予測の例題

ここでは，図2・27および表2・5の性能を持った2 MWの風車の導入を想定して，年間発電量の予測をしてみよう．図2・28にこれから考える例題の内容を示しているが，風車のハブ高さは60 mと仮定する．予め，風車設置を予定するサイトにおいて，1年間の風況観測を実施した結果，地上高30 mの位置における年平均風速$V_h$が6 m/sであったとする．また，サイトは平野部であり，上空の風速高度分布はべき指数$n=7$を使ったべき法則で近似できると仮定する．さらに，このサイトで観測される風速出現率はレイリー分布

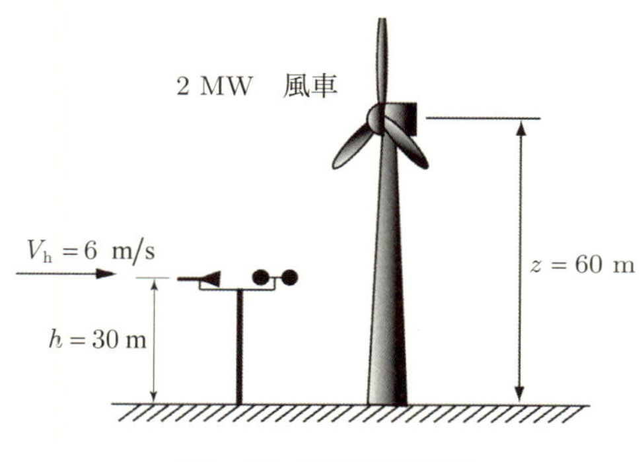


図2・28　例題の説明図

で近似できるとする．

まず，ハブ高さ60 mにおける年平均風速$\bar{V}$を見積もるために，式(17)のべき法則を用いる．$h=30$ m, $z=60$ m, $n=7$とすれば，

$$\bar{V} = V_h \times \left(\frac{z}{h}\right)^{\frac{1}{n}} = 6 \times \left(\frac{60}{30}\right)^{\frac{1}{7}} = 6.62 \text{ m/s} \tag{22}$$

のように，ハブ高さにおける平均風速$\bar{V}$が求まる．ハブ高さにおける風速の出現確率密度は式(18)において，$\bar{V}=6.62$ m/sを代入すれば

$$f_R(V) = \frac{\pi}{2}\frac{V}{6.62^2}\exp\left\{-\frac{\pi}{4}\left(\frac{V}{6.62}\right)^2\right\} \tag{23}$$

と求まる．

各ビンの風速幅を$\Delta V_i = 1$ m/sと設定し，表2・5の風速中央値が各ビンを代表する風速$V_i$でおきかえられるとする．さらに，式(20)の風速出現確率密度$f(V_i)$を式(23)

D5 $f_x$ =PI()/2*B5/($D$2*$D$2)*EXP(-PI()/4*(B5/$D$2)*(B5/$D$2))

レイリー分布における平均風速: **6.62** m/s

| 風速: $V_i$ [m/s] | 発電出力: $P(V_i)$ [kW] | 確率密度: $f(V_i)$ | 各ビンの年間発電量 [kWh] |
|---|---|---|---|
| 0 | 0 | 0.000000 | 0 |
| 1 | 0 | 0.035206 | 0 |
| 2 | 0 | 0.066727 | 0 |
| 3 | 20 | 0.091512 | 15776 |
| 4 | 47 | 0.107630 | 43981 |
| 5 | 91 | 0.114497 | 91381 |
| 6 | 157 | 0.112813 | 155584 |
| 7 | 250 | 0.104262 | 228333 |
| 8 | 373 | 0.091069 | 297707 |
| 9 | 531 | 0.075545 | 351629 |
| 10 | 729 | 0.059715 | 381271 |
| 11 | 970 | 0.045085 | 383140 |
| 12 | 1259 | 0.032569 | 359334 |
| 13 | 1601 | 0.022542 | 316203 |
| 14 | 2000 | 0.014963 | 262155 |
| 15 | 2000 | 0.009534 | 167036 |
| 16 | 2000 | 0.005835 | 102225 |
| 17 | 2000 | 0.003432 | 60123 |
| 18 | 2000 | 0.001941 | 33998 |
| 19 | 2000 | 0.001055 | 18491 |
| 20 | 2000 | 0.000552 | 9676 |
| 21 | 2000 | 0.000278 | 4873 |
| 22 | 2000 | 0.000135 | 2362 |
| 23 | 2000 | 0.000063 | 1102 |
| 24 | 2000 | 0.000028 | 495 |
| 25 | 0 | 0.000012 | 0 |
| 26 | 0 | 0.000005 | 0 |
| 27 | 0 | 0.000002 | 0 |
| 28 | 0 | 0.000001 | 0 |
| 29 | 0 | 0.000000 | 0 |
| 30 | 0 | 0.000000 | 0 |

積算値 = 0.997008 　**3286875** (kWh)　**3287** (MWh)

**図2・29　エクセルを使用した年間発電量の計算例**

の$f_R(V)$で置き換えれば，各ビンの年間発電量が図2・29のように計算できる．

図2・29は表計算ソフト・エクセルを使用した計算例であるが，セルD2に平均風速$\bar{V}$の値を代入している．図2・29の上部には，確率密度を計算するセルD5の中に設定した計算式が示されている．この計算式を次に示す．

=PI()/2*B5/($D$2*$D$2)*EXP(-PI()/4*(B5/$D$2)*(B5/$D$2))　(24)

式(24)において，PI()は円周率$\pi$を表す関数であり，$D$2によって，セルD2の平均風速の値を絶対参照（セルを固定）している．B5はセルB5にあるビン（$i=1$とする）の代表風速$V_i$を相対参照している．EXP( )は指数関数を表しているので，式(24)を式(23)と見比べれば，レイリー分布における確率密度を計算していることがわかるであろう．セルD5に設定した数式(24)を，エクセルの機能を用いて，D6からD35までの各セルにコピーすれば，D列にレイリー分布による風速出現確率密度が計算できる．

E列では，式(20)に従って，各ビンの年間発電量を計算しており，たとえば，セルE5には，次式のような計算式を設定している．

=C5*D5*8760 (25)

式(25)において，C5はセルC5にあるビン1の発電出力を相対参照しており，D5はセルD5で計算される確率密度の値（式(24)の計算値）を相対参照している．8760は年間総時間数である．したがって，セルE5に設定した式(25)を，E6からE35までの各セルにコピーすれば，E列に各ビンの年間発電量が計算される．

セルE37では，次式の計算式により，カットイン風速（3 m/s）のビンの年間発電量が計算されているセルE8から，カットアウト風速（24 m/s）のビンに相当するセルE29までの値の総和が関数SUM(□:□)を用いて計算されている．

=SUM(E8:E29) (26)

この計算結果から，例題の仮想2 MW風車の年間発電量は3 286 875 kWh=3 287 MWhと予想される．

設備利用率（CF）は，式(21)を用いて，

$$CF = \frac{3\,286\,875}{2\,000 \times 8\,760} \times 100 = 18.76\ \% \tag{27}$$

と予測される．

## 2.5 発電原理

エネルギー保存法則やエネルギー変換について説明してきたが，あるエネルギーを電気エネルギーに変換（発電）する過程において，多くの場合ファラデーの電磁誘導の法則を利用する．

ファラデーは，磁場と物体の運動による動力から電気を作り出す電磁誘導現象を発見した．図2・30のように磁石をコイルに出し入れすると起電力が発生する．

磁石が作り出す，磁場の強さ $H$[A/m] に透磁率 $\mu$（ミュー）[N/A$^2$] を掛けた値を磁束密度 $B$[N/A·m] という．ここで，A/m＝N/Wb より磁束密度 $B$ の単位はWb（ウェーバ）/m$^2$＝T（テスラ）となる．磁束密度に直交する面積 $S$[m$^2$] をかけた値は磁束 $\phi$（ファイ）[Wb] という．電磁誘導は，磁束 $\phi$ が変化すると，その変化を妨げる方向に起電力が発生する現象である．電磁誘導の法則を数式で表すと式(28)となる．式中のdは変化を示す記号である．d$\phi$ は磁束の変化，d$t$ は時間の変化を示す．

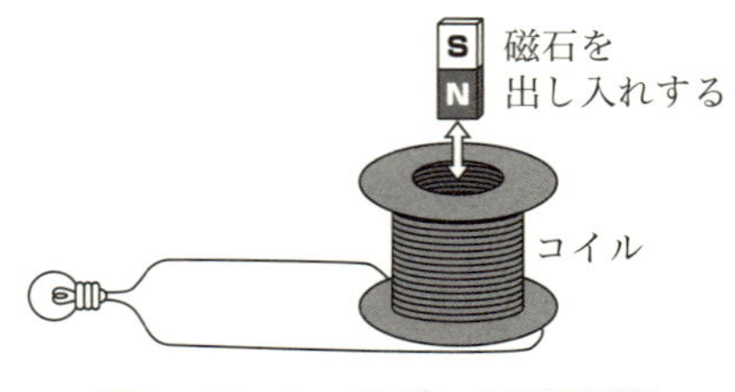


図2・30　ファラデーの電磁誘導

$$e = -N\frac{\mathrm{d}\phi}{\mathrm{d}t} \tag{28}$$

この式は，「磁束$\phi$が時間的に変化すると電気が発生する」ことを意味する．つまり，コイルに発生する起電力$e$[V]は，磁束$\phi$ [Wb]が$\mathrm{d}t$の間に$\mathrm{d}\phi$だけ変化した量に比例する．式(28)中の$N$はコイルの巻数であり，マイナス符号は変化を妨げる向きを表している．

電気をつくるためには磁束を動かし変化させる方法と，磁束の中で電気回路を動かす方法がある．磁束や電気回路を動かすために，外部から機械的な力が必要になる．ファラデーの電磁誘導では，何らかのエネルギーを一旦，力学的なエネルギーの形に変換しなければならない．一方，磁束を変化させるとき，回転運動が最も効果的であることから，多くの発電機は回転力を利用している．

回転運動と発生する電気は関連しており，縦軸に円軌道の点，横軸に時間をとると図2・31に示すように，正弦波と呼ばれる信号を取り出すことができる．式で表すと式(29)のようになる．ここで，ω（オメガ）は角速度（[rad/s]）である．風力発電では，風の力を風車が受けて回転力を作り出している．

$$e = E_m \sin \omega t \tag{29}$$

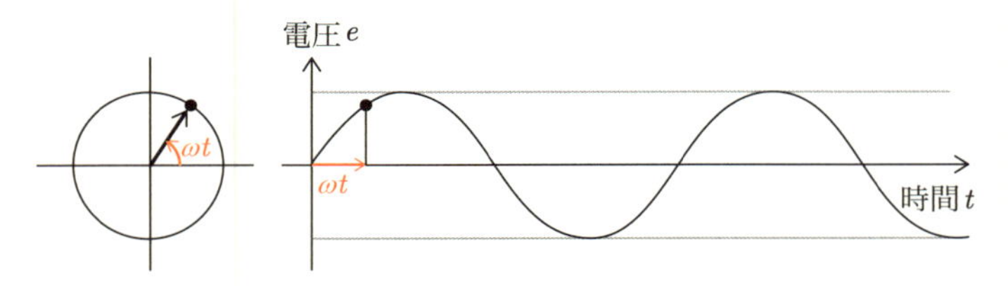


図2・31　正弦波交流

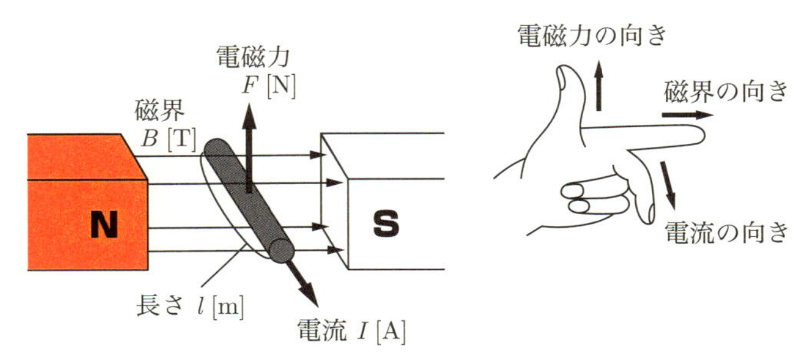


図2・32 フレミングの左手の法則

### (i) フレミングの左手の法則

中学校で学習するフレミングの左手の法則はモータの原理を表している．図2・32に示すよう，磁石の作り出す磁界の中で，導体に電流を流すと導体に力がはたらく．つまり，電流によって導体が動くため，機械的な動力を得ることが可能となる．

フレミングの左手の法則を式で表すと次のようになる．

$$F = BIl[\mathrm{N}] \tag{30}$$

ここで，$F$[N]は電磁力，$B$[T]は磁束密度（磁束$\phi$ [Wb]を面積[m$^2$]で割った値［Wb/m$^2$］），$l$[m]は磁界中の導体の長さ，$I$[A]は電流を示す．

### (ii) フレミングの右手の法則

フレミングの右手の法則は発電機の原理を表している．図2・33のように，磁石の作り出す磁界の中で，導体をある速度で動かすと，導体に起電力が発生する．つまり，何らかの外力により導体が動けば，電気を作り出すことが可能となる．

フレミングの右手の法則を式で表すと次のようになる．

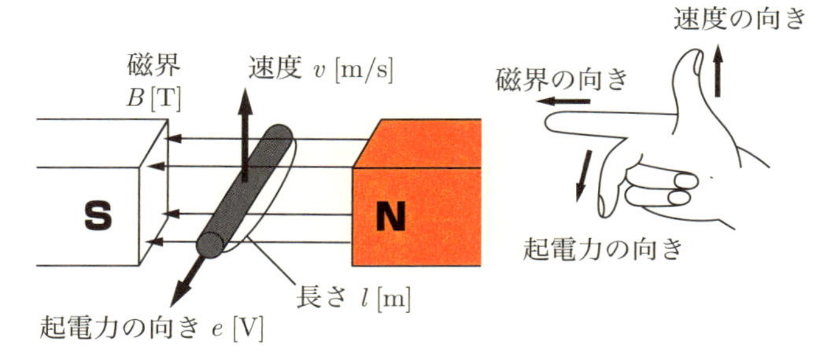


図2・33　フレミングの右手の法則

$$e = Blv[\mathrm{V}] \tag{31}$$

ここで，$e$[V]は起電力，$B$[T]は磁束密度，$l$[m]は磁界中の導体の長さ，$v$[m/s]は導体の移動速度を示す．起電力の向きは，フレミングの右手の法則で示す方向となる．

## 2.6 風車の基礎知識

### (i) ブレードと揚力・抗力

2.2ではブレードから見た相対風速に直交する向きに作用する力が揚力であることを説明した（図2・9）．ここでは，揚力から回転力を得るしくみをもう少し詳しく説明する．図2・34は，ブレード（風車の翼）の回転面（ロータ面）の説明図であり，ブレードを風車ロータの半径方向外側から見ると，ブレードは図の左斜め上へと移動する．この際に，ブレードは空気から揚力と抗力とを受けるが，それらのうち回転に影響するのは，回転面内の力である．図に模式的に示したとおり，揚力による回転力は，抗力による，回転を妨げる力と比べて著しく大きい．なお，航空機の翼では，重力に打ち勝つだけの揚力を発生することが求められる．大半の旅客機では，翼および機体に作用する抗力に対抗するために，一般的にはガスタービンエンジンによって推進力を得ている．揚力 $L$ を抗力 $D$ で割った値（揚抗比 $L/D$）

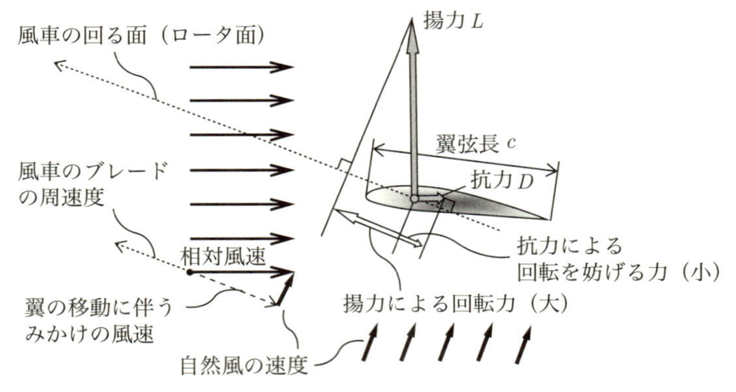


図2・34　風車の回転面と回転力

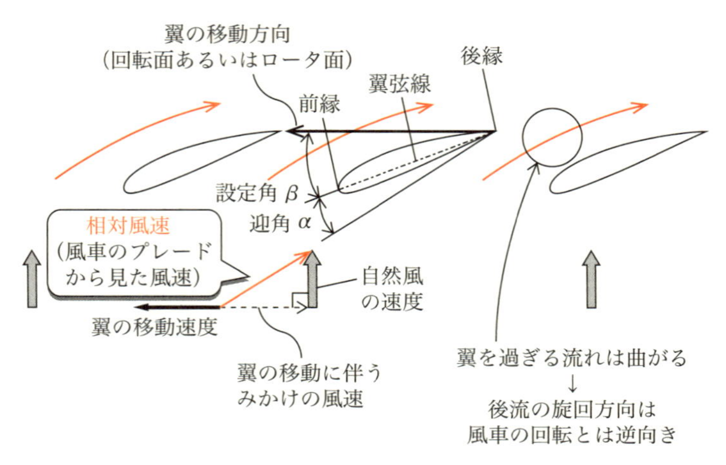


図2・35　自然風と風車まわりの流れ（プロペラ風車の場合）

が大きい航空機翼または風車翼ほど，経済的である．一例として，迎角 $\alpha$（2.2参照）が約 $2°$ で，最大の揚抗比120程度以上をとる翼形がある[27]．

図2・35は，自然風と風車まわりの流れであり，翼を過ぎる流れが回転方向とは逆向きに曲げられ，後流の旋回方向が風車の回転とは逆向きであることを示している．2.3(ii)においては，風車ロータ下流の流れは回転しないと仮定して，風車の理論最大効率（ベッツ限界0.593，図2・17参照）を導いた．後述の図2・37には後流の旋回を考慮した場合の風車の理論最大効率を示す曲線（赤色）が表示されている．

なお，相対風速を横向きの平行線で表現した図2・9や図2・34とは異なり，図2・35においては風車の回転面（ロータ面）を横向きの水平線で表現してある．前者は揚力の向きを上向き矢印で表示することを重視した表現方法であり，後者は自然風の向きを上向き矢印で表示する，風車の各種文献などで一般的に使われる表現方法である（図2・8のように自然風を右向き矢印で表示する方法も良く用いられる）．

### (ii) 先端周速比とソリディティ

先端周速比と並んで重要な量として，式(32)で定義されるソリディティ $\sigma$（シグマ）がある．ソリディティは全ての翼の投影面積 $A_1$ を翼の掃過面積 $A_2$ で割ったものである．図2・36の赤色の面積 $A_1$ を，赤色を含む灰色の面積 $A_2$ で割ったものが $\sigma$ である．

$$\sigma = \frac{A_1}{A_2} \tag{32}$$

図2・37は各種風車について，先端周速比に対する出力係数を示したものである[6]．サボニウス形（図1・37参照）のようなソリディ

ティの大きな風車の最高出力点は，低周速比・低出力係数であるため図中の左下にあり，2枚翼プロペラ形のようなソリディティの小さな風車の最高出力点は，高周速比・高出力係数であるため図中の右上にある．

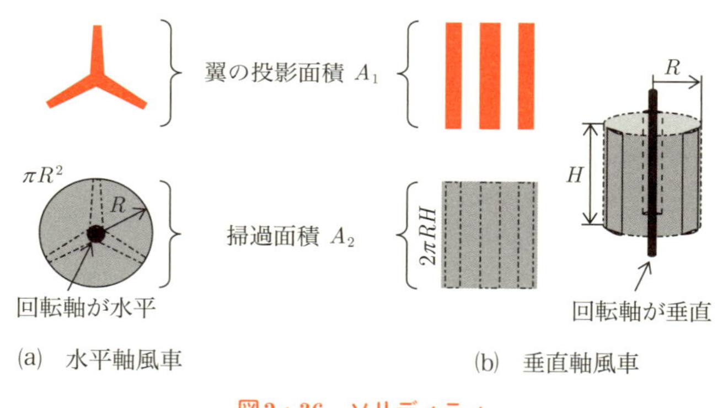


図2・36 ソリディティ

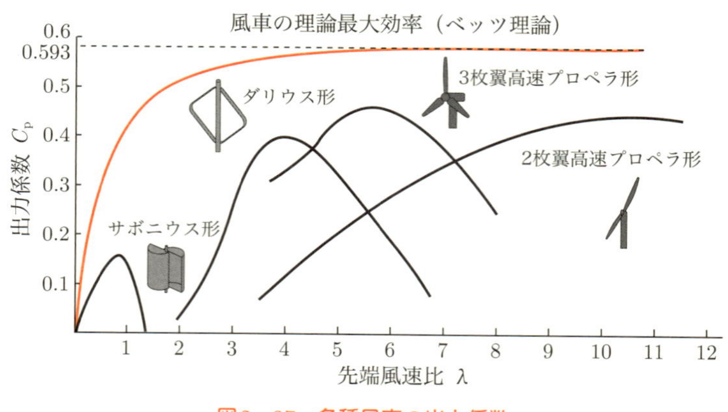


図2・37 各種風車の出力係数

## コラム　ソリディティってなあに？

ソリディティ（Solidity）の意味は，固いこと，中が詰まっていることである．風車の場合，風車を風上から見たときに，ブレードが動く範囲（掃過面積）$A_2$ に対してブレードが占める面積 $A_1$ の割合がソリディティ $\sigma$ である．水平軸風車，垂直軸風車に分けて，以下にソリディティについて詳しく見ていく．

① 水平軸風車のソリディティ

まず，水平軸風車のソリディティ $\sigma$ を詳しく見ていく．ロータの回転半径を $R$ とすると，$\sigma$ は式(33)で表される．

$$\sigma = \frac{A_1}{A_2} = \frac{A_1}{\pi R^2} \tag{33}$$

もし，翼弦長 $c$（図2・34参照）がブレードの半径方向位置によって変らない平面翼（2.2(ii)参照）の場合，ブレード枚数を $B$ とすると，全ての翼の投影面積 $A_1$ は $B \cdot cR$ となるので，式(33)は式(34)となる[28]．

$$\sigma = \frac{A_1}{A_2} = \frac{B \cdot cR}{\pi R^2} = \frac{Bc}{\pi R} \tag{34}$$

また，揚力形の風車用に，先端周速比 $\lambda$ を用いた，最適なソリディティを与える $\sigma$ の近似式(35)，

$$\sigma = \frac{16}{9C_L \lambda^2} \tag{35}$$

がある[6]．$\sigma$ は先端周速比 $\lambda$ の2乗の逆数に比例するため，高い先端周速比を必要とする発電用風車ではソリディティを下げるために，多翼ではなく，2枚または3枚翼を用いる[6]．ここで $C_L$ は，単位翼幅当たりの揚力[N/m]を，一様流の風速 $V$[m/s]に基づく動圧 $\rho V^2/2$ [N/m$^2$]（$\rho$ は空気の密度で約1.2 kg/m$^3$）に翼弦長 $c$[m]を乗じた値[N/m]で割った揚力係数（無次元数）である（2.2(ii)参照）．

さて，同じ翼形の揚力係数 $C_L$ は，高速回転する（レイノルズ数が高い）風車の方が大きい．したがって，効率の高い風車とするためには，ソリディティ $\sigma$ を小さくして，先端周速比 $\lambda$ を大きくとることが有効

である．このため，翼（ブレード）枚数の少ない，大形のプロペラ風車の設置が盛んである．一方，家庭用の扇風機は著しくソリディティが大きい（羽根が大きく，隙間が小さい）ので高速回転には向かない．これは，効率を犠牲にしても回転に伴なう騒音を抑えるためである[28]．

② 垂直軸風車のソリディティ

次に，垂直軸（鉛直軸）風車のソリディティ $\sigma$ を見ていく．ロータの回転半径を $R$，翼弦長を $c$，ブレード枚数を $B$ とすると，$\sigma$ は式(36)で表される．

$$\sigma = \frac{A_1}{A_2} = \frac{Bc}{2\pi R} \tag{36}$$

ただし，定数 $2\pi$ を省略してソリディティを次式で定義することもある（式(36)と区別するためにダッシュをつけた）．

$$\sigma' = \frac{Bc}{R} \tag{37}$$

# 3 風力発電の応用・未来

## 3.1　現状の問題点・課題

風力発電は再生可能エネルギーの1つであり，発電時において地球温暖化の原因となる二酸化炭素の排出を行わないため，環境に優しい低炭素技術でもある．すでに1.1でも述べてきたように，大形化によって低コスト化が進み，世界的には主要なエネルギー源として導入が拡大している．日本でも導入は進んでおり，国の政策[29]としても重要な課題の1つとして取り上げられているが，世界の風力導入量と比べると日本は遅れている状況といえる．その原因には，世界で共通の問題から，日本に固有な問題まで様々なものがある．本章では，風力発電の現状における問題や課題を，一部重なるところもあって明確な分類は難しいものもあるが，表3・1に示すように，思い切って3つのカテゴリー（(i)風車が及ぼす影響，(ii)風車が受ける影響，(iii)風車自体の問題や課題）に分けてみた．以下に，それぞれのカテゴリーに相当する問題や課題について簡単に述べる．

### (i)　風車が及ぼす影響

風力発電の導入には基本的には賛成していても，いざ，大形の風車が自分の家から見えるところに建設される予定ができると，誰でも，その影響が気になるものである．特に国立・国定公園や景色の良い場所に大形の人工物がいくつも並ぶことになる場合には，たとえ，近くに人が住んでいない場合でも，景観が損なわれる可能性か

表3・1　風車に関する問題や課題

| カテゴリー | 内容 |
|---|---|
| (i)　風車が及ぼす影響 | ・景観（環境調和）の問題<br>・土地の改変<br>・バードストライク<br>・騒音・低周波音（地域調和）の問題<br>・シャドーフリッカー（風車の影による）<br>・電波障害 |
| (ii)　風車が受ける影響 | ・落雷<br>・着氷<br>・台風，突風<br>・複雑地形（乱流による疲労破壊）<br>・不安定性（電圧・周波数の変動） |
| (iii)　風車自体の問題や課題 | ・さらなる低コスト化のための技術開発<br>・設置可能地域の拡大（弱風地域への導入）<br>・系統連系における問題（送電網の強化，拡大）<br>・洋上風力発電の開発<br>（様々な技術の確立と低コスト化，漁業との共存・理解，アクセスの問題など） |

ら，環境や観光への影響が問題になる場合がある．風車が山中や森林の中などに建設される場合には，新たな道路や送電用鉄塔が作られ整地を行う場合もあり，そのような工事における土地改変で濁水の発生や土砂崩れの可能性が危惧されることもある[30]．風車に鳥が衝突して傷つくバードストライクや，振動・騒音などによって，風車周囲に生息する動植物など生態系に影響を与えることもあり得る．景観や動植物のみならず，風車の近くに居住する人々にも影響が及ぶ恐れがある．近年マスコミによっても大きく取り上げられた，風車のブレードが回転する際に出す風切音や増速機などから出る機械音によって，周辺住民が睡眠障害などの健康被害にあっているという問題は，最近では装置の対策（防音処理）や技術の進歩（ギアレス化

など）によって，改善がなされているものもあるが，依然として問題として残っている．晴天時に回転する風車ブレードが作る影の明滅によって，不快感を生じるシャドーフリッカーにも配慮をしないといけない．そのほかに，電波が風車に反射して引き起こす電波障害なども風車の設置場所によっては起こる可能性がある．以上のような環境への影響は，風車が大きい場合やウインドファームのように全体の出力規模が大きい場合に問題になることが多いため，大規模出力の風力発電の導入において，環境影響評価（環境アセスメント）が法的に実施を義務付けられている（2011年，法改正；2013年，完全施行）[31]．

### (ii)　風車が受ける影響

風車の大形化と導入量の加速に伴い，落雷被害が多数報告されるようになった．特に，冬に大きな風力を期待できる日本海側では，冬季雷と呼ばれる落雷が発生する．冬季雷は世界的に見ても特異な自然現象であり，一般的な夏の雷と比べて，その持続時間が長く，千から一万倍のエネルギーを有している[32]．そのため，冬季雷は大規模な被害を与えやすいことが知られており，風車への落雷によって火災の発生や，ブレードの飛散・部品落下などの大きな事故に至る場合もある．現在，自然界における落雷を完全に防ぐ手法はないため，風車の落雷被害を最小限に抑える工夫が必要となる．落雷による被害では，表3・2に示すように，停止期間が長期間にわたることもある．図3・1は落雷被害の部位と規模別被害件数を示したものである．落雷による影響が風車ブレードや電気回路・制御装置に及ぶ場合，部品交換や修理のために数か月の運転停止を伴うこともある．特に，ブレードは最上部にあるため直撃雷の被害にさらされる可能性が高い．加えて，ブレードを修理する場合，高所作業を伴う

表3・2 落雷被害の規模と風車停止期間

| 被害規模 | 被害による風車停止期間 |
|---|---|
| 大 | 1カ月以上 |
| 中 | 2日〜1カ月程度 |
| 小 | 〜1日程度 |

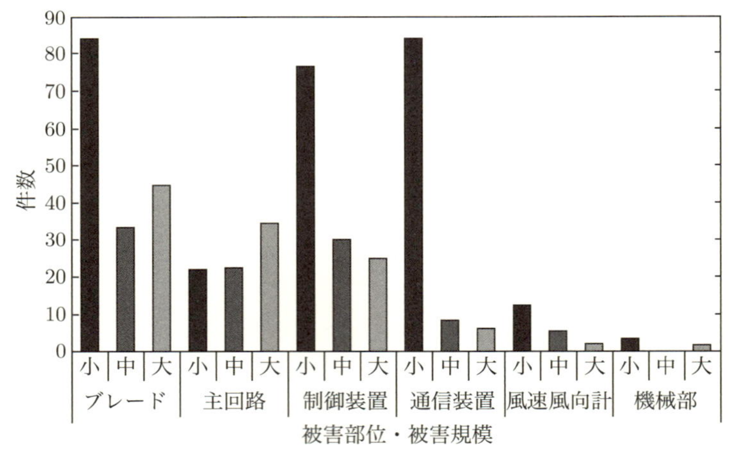


〔出典〕 新エネルギー・産業技術総合開発機構（NEDO）
平成24年度成果報告書「風力等自然エネルギー技術研究開発
次世代風力発電技術研究開発／自然環境対応技術等（落雷保護対策）」P.181）

図3・1 落雷被害の部位・規模別被害件数

ので，コスト高の要因になることや，修理点検時の天候に左右されるので運転停止の期間が長引くこともある．そのため，ブレード被害を低減することが重要となっている．ブレード先端には雷害対策として，レセプター（図3・2，図3・3参照）と呼ばれる導電性の受雷部が設けられているが，大きな落雷に対して効果は限定的であり，さらなる対策が要求されている[33]．また，ブレードが落雷によって裂ける現象が多数報告されている．ブレードが破損により飛散する

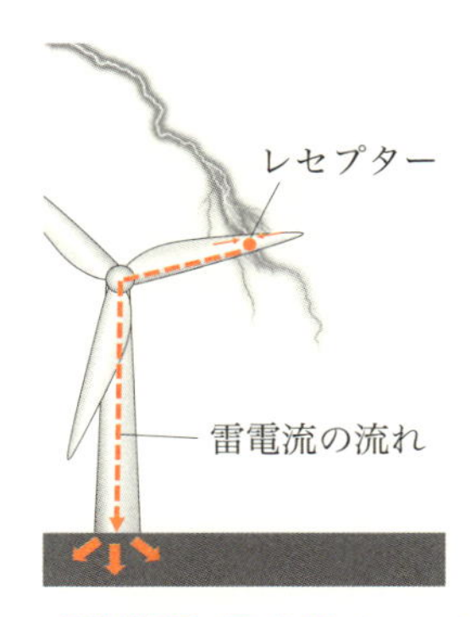


図3・2　ブレード先端部に取り付けるレセプターの働き

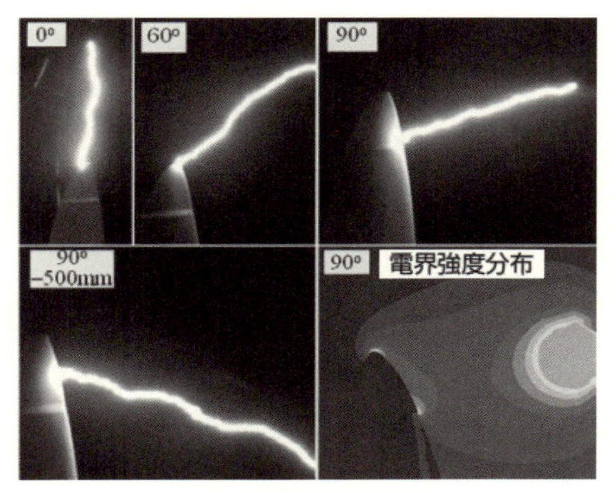


図3・3　先端部電撃試験と電界強度分布の例（チップタイプ）
（中部電力株式会社技術開発ニュース2011年7月号）

と，人や家屋に対して2次的被害を与える可能性もある．このように，風車の落雷対策は極めて重要な課題に位置付けられているが，自然現象のため，事故を完全に防ぐことは困難であり，費用対効果に見合う対策が施されているのが現状である．

大きな風力エネルギーを期待できる場所としては，寒冷地も含まれる．しかし，低温による風車ブレードへの着氷が問題になることがある．着氷によって風車の性能が落ちる可能性や氷がブレードに付いた状態で回転する場合には氷の塊が飛散して周囲に被害を及ぼす可能性もある．

台風や発達した前線の影響などで発生する突風による影響も多い．2015年9月28日に，日本最西端の与那国島（沖縄県）を襲った台風21号の影響で観測された最大瞬間風速80 m/sを越える強風によって，600 kWの風力発電機のブレードが破損してその一部が数百mもの距離にまで飛散した事故は記憶に新しい[34]．欧米の広大な平坦な土地と異なり，日本では複雑な地形である場所に風力発電機が建設されることも多い．地形の起伏によって，風の流れは乱され，乱流状態となるため，その激しい風速変動が原因となって，風車構成要素の疲労破壊（小さな力（応力）の繰り返しによって，材料内部において徐々に微小な亀裂が拡大し，最終的に大きな破壊に至る現象）などが起こる可能性がある．あるいは，予測した発電量が得られないなど，事業に影響が出るケースもある．複雑地形に風車を建設する場合では，導入前にできるだけ正確な風況予測を行って風車設置場所の最適化を行うことが重要であり，最近では計算機を利用した数値シミュレーションが利用されている．風力発電のみならず自然エネルギー全般の問題であるが，不安定な電力源であることは風力発電の本質的な問題の1つである．風力発電は自然の風任せであるため，風が吹いていなければ発電はできなく，たとえ風が吹いていたとしても，その風速の強弱は常に変動しているため，出力電圧やその周波数が変動する問題がある．発電した電気を蓄えておくことは不安定性を解決する方法の1つであるが，蓄電池などの装置が必要であるため，コストが高くなる問題も新たに発生する．その他の電源との組み合わせや需給の調整などが必要であり，技術的課題にもなっている．

一般的に風車の設計時には，国際規格（IEC規格）などにしたがって風車はクラス分けされ，それぞれのクラスに応じた基準風速や耐風基準，乱流強度などに従って設計がなされ，導入する場合も，導入サイトの風況にあったクラスの風力発電機が導入されることになる．しかし，欧米を中心に決められた国際規格が必ずしも日本特有の風況にあっていないこともあり，また，自然が相手であるため，まだ多くのわかっていないこともあり，日本独自の風車技術の開発が必要とされている．

### (iii) 風車自体の問題や課題

風力発電は再生可能エネルギーの中でも，最も発電コストが下がってきているエネルギー源の1つである．特に大形化が進むことで上空の高い風速すなわち高い風力エネルギーを利用することで発電単価（円/kWh）が減少してきた．しかし，大形化に伴って，風車の受風面積増加に比例して発電エネルギーは増加するが，一方で，大形のブレードを支える回転軸やタワーの材料重量が増え，従来と同じ材料のままであると構造的強度やコストの面で，発電単価の低減が困難になってくる．さらなる低コスト化を実現するには，材料の軽量化や新しい工夫による損失の低減により，一層の技術開発が必要である．

これまでは，風況の良好な地域（日本でいえば，東北や北海道など）に風力発電機の導入が主として行われてきたが，陸上での最適な設置場所が徐々に少なくなってきている．今後は，弱風地域（日本でいえば，西日本など）への導入も検討していく必要があり，そのためには，軽量化されたブレードを持つ大形の風力発電機（5 MW以上）の開発・導入が行われていくであろう．

独立電源でない場合は，発電した電気は送電線（送電網，電力系統，あるいはグリッドとも呼ぶ）によって離れた場所に存在する電力消費地まで伝送し配電しなければならない（系統連系）．風力資源が豊富な場所と電力の大量消費地とが，一般には離れて存在するため，その間を繋ぐ送電線の強化と拡大は重要な課題である[29]．現在は発電を行っている電力会社が送電事業も行っているが，多種多様なエネルギー源の有効利用の観点から送配電部門の中立性の確保が必要であり，発電事業と送電事業を法的に分離すること（発送電分離）が2020年4月から行われる予定となっている[35]．

すでに述べてきたように，現時点での風力発電は陸上が主となっているが，イギリスを筆頭として北欧を中心に洋上風力発電（オフショア風力）が盛んになってきている．洋上は陸上に比べて風況が優れ，周囲に人家がないことから大形化しても騒音や振動の影響が陸上ほど問題にならない可能性が高く，いくつかの点で風力発電にとって望ましい環境である．しかし，日本の近海は，比較的傾斜が緩やかで浅瀬が続く大陸棚は狭く，北欧で多く用いられている比較的簡易で安価な着床式の洋上風力発電システムを導入できる場所は限られている．そのため，水深が深くても導入可能な浮体式のシステムの開発が期待されるが，そのコストをいかにして下げるかが課題の一つである．また，送電のための海底ケーブルなども陸上とは異なる点で技術開発と低コスト化が要求される．気象・海況状況の変化が激しい海上での建設コストの低減や，建設の前後を通して発電サイトへの安全なアクセスを確保する方法の確立など，考慮すべきものが多い．日本では，沿岸漁業が盛んであるため，漁業関係者の理解を得て，漁業と共存することも重要な課題となる．

国の政策として，2030年までにエネルギーミックス（様々なエネルギー源を組み合わせた電源構成の最適化）の22～24 %を再生可能エネルギーで占める目標が策定されている[29]．日本はイギリスと同じく四方を海で囲まれた島国であり，洋上の風力エネルギーの賦存量は莫大であり（導入ポテンシャル：16億kW[36]），洋上風力発電の実用化・普及に期待するところは大きい．風力発電には日本の進んだ様々な技術分野（造船，IT技術，計測技術，機械要素など）が既に役立っているが，エネルギーミックス実現に向けて，さらなる技術進歩が必要とされている．

## 3.2 風車の応用・発展

本章では，風力発電における新しい技術や取組みについていくつか事例を紹介する．もちろん，ここに挙げる例の他にも多くの優れた取り組みや新しいアイディアがあるので，読者自身でその他の技術の動向を調べたり，自分で新しいアイディアを発案したりすることを期待したい．風力発電は様々な分野の技術の貢献があって成り立つものであり，すでに実用化されているので，十分に確立されている技術と考えられがちであるが，前章で見たように多くの問題や課題も残っている分野であるため，考え方や見方を少し変えるだけで新しい発見やブレークスルーが生まれる可能性も高い．

### (i) 油圧ドライブトレイン

三菱重工業株式会社は，2010年に買収したイギリスのベンチャー企業アルテミス社が所有していた油圧デジタル制御の技術に基づいて，新型の油圧ドライブトレインを同社と共同開発した．この装置は，風力タービンで得られた風のエネルギーをいったん油圧ポンプ

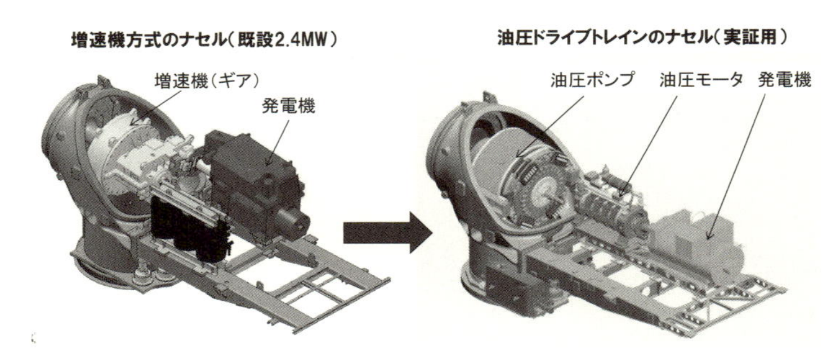


図3・4 油圧ドライブトレイン[38]
(三菱重工業株式会社より画像提供)

で油圧エネルギーに変換して，そのあと油圧モータを駆動して一定の回転数で発電機を回せるため，増速機やインバータ（周波数変換機）を必要としない特徴を持つ（図3・4参照）[37]．変動する風力エネルギーをデジタル制御で細かく制御できるという．故障を起こしやすくメンテナンスでも大形重機を必要とする増速機が不要となるため，保守費用の軽減となることが期待されている[38]．

### (ii) 風力で水素貯蔵（Power to Gas）

水素は使用時に二酸化炭素を排出せず（$CO_2$フリー），電力の大量かつ長期的な貯蔵が可能である．そのため，燃料電池による発電や燃料電池自動車等での幅広い活用が可能で，将来の主要二次エネルギー（自然から直接採取される化石燃料・風力・太陽光などを一次エネルギーというが，これらの一次エネルギー源を転換・加工して得られる電力・都市ガス・コークスなどが二次エネルギー）として期待されている．電力（Power）を気体燃料（Gas）に転換し利用するシステムはPower to Gas（パワーツーガス，P2Gなどと略される）と呼ばれ，従来貯蔵が難しいとされてきた電力を貯蔵可能とする新しい方法の一つである．再

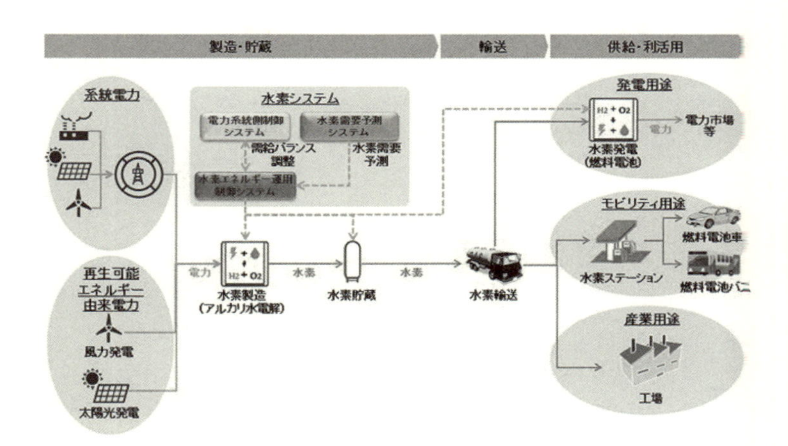


〔出典〕 新エネルギー・産業技術総合開発機構（NEDO）

**図3・5 NEDOにおける実証実験のイメージ[39]**

生可能エネルギーである太陽光や風力のエネルギーを水素に変換しエネルギーの生成から利用までの全体を通して$CO_2$フリーなPower to Gasの実現を目指す実証実験が，新エネルギー・産業技術総合開発機構（NEDO）による委託事業として実施されている[39]．図3・5は，NEDO事業が将来的に目指すP2Gの概念図である．風力や太陽光などの不安定な出力変動の問題解決や再生可能エネルギー導入拡大への寄与が期待される．

### (iii) 魚群風車（小形風車の密集配置によるウインドファーム）

風のエネルギーをたくさん受けるために，大きな風車を数多く設置するウインドファーム（風車群[6]）の考え方は理にかなっている．しかし，1.2で述べたように，一般には風車の後流の影響を避けるために，風車を風の主風向に沿って並べない配慮が必要である．たとえば，風と同じ向きには風車直径の10倍程度以上，風と直交する

図3・6 高密度に配置した小形垂直軸風車のウインドファームの実験
（スタンフォード大学，ジョン・ダビリ教授のご厚意による）
（Courtesy of Prof.John O.Dabiri, Stanford University）

方向には風車直径の3倍程度以上の間隔をあけて設置することが必要である[7]．ところが最近，逆に風車を密に設置することで風速を高める小形垂直軸風車のウインドファーム実証試験結果が報告されている[40], [41]．カリフォルニア工科大学のジョン・ダビリ教授は，魚の群れが間隔を狭めて泳ぐことで後流渦の相互作用をうまく利用して遊泳効率を上げている様子を模擬して，小形の垂直軸風車を市松模様状に密集させて配置した実証実験を行い，単位面積当たりの発電量において，小形風車のウインドファームが大形風車のウインドファームよりも10倍程度高い値を示す可能性を示している．図3・6は，現在スタンフォード大学に移籍したジョン・ダビリ教授が，実験フィールドにおいて実施している高密度に配置した小形垂直軸風車のウインドファームの実験の様子である．

### (iv)　デュアルロータ（二重ロータ）

図3・7はアイオワ州立大学のHui Hu教授をリーダーとする風車の実験的研究の結果である[42]．図3・7(a)の左列は風車後流の無次元

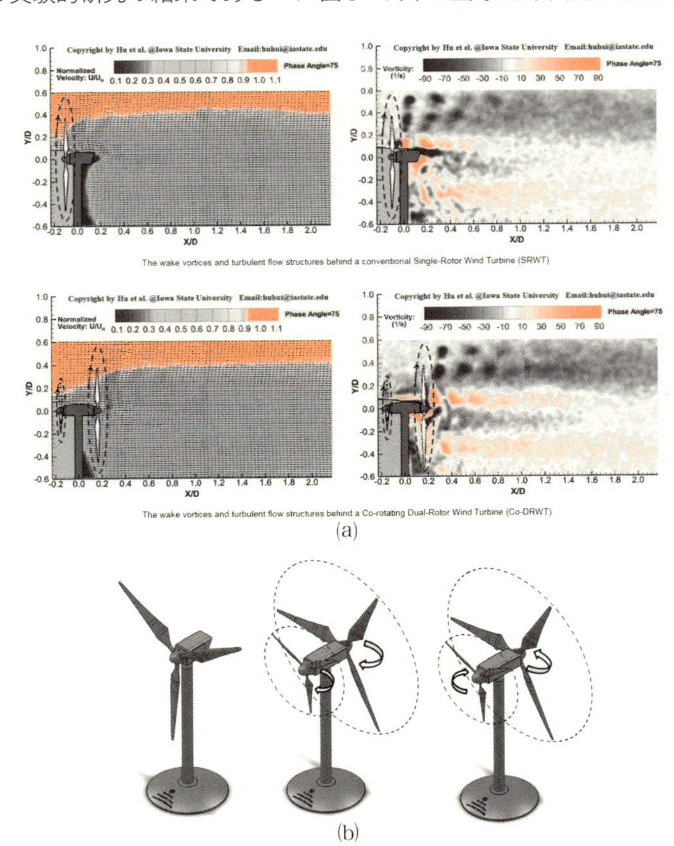


**図3・7　アイオワ州立大学の研究**
（Hui Hu教授のご厚意による）
（Courtesy of Prof.Hui Hu, Iowa State University）

速度分布（風車まわりの風速が，左から流入してくる上流の一様風速の何倍であるか）を示しており，灰色から赤に向うほど高速であるので，風車背後に減速領域があることがわかる（図1・16の欠損速度参照）．一方，図3・7(a)の右列は風車後流の渦度[9]と呼ばれる量（局所の流体の回転角速度に比例する量）を示しており，白色は渦度がなく，灰色または赤に向うほど渦度の大きさは大きくなる．灰色と赤では，渦度の回転方向が逆である．図3・7(a)の上段は通常の水平軸プロペラ風車（1つのロータ）であり，回転面の中央部分の自然風はナセル前面にぶつかるような流れであり，翼の根元付近は翼断面が構造的強度を優先して太く作られているため，風のエネルギーがブレードに回収されない（この損失をroot loss［根元損失］という）．一方，図3・7(a)の下段は，タワーの上流側に小さなプロペラロータを，下流側に大きなプロペラロータを有するデュアルロータ風車（Dual-Rotor Wind Turbine：DRWT，図3・7(b)参照）であり，root lossが軽減される．

Hui Hu教授らのグループは，洋上風力発電が行われる沖では乱流強度$TI$（1編の式(5)参照）が低いために風車後流の影響が長く持続することも指摘している[43]．このことは，洋上風車群の主風向の風車間隔を，陸上（$TI$が高く後流が長く持続しない）と比べて，長くとらなければならないことを示唆している．Hui Hu教授らは，デュアルロータ風車によって，風車後流に流れの混合促進作用をもたらし，風車の後流を短くすることを目標としている．

### (v) 高空風力発電

地上から離れた高度の高いところにおける，風速が速くて大きな風力エネルギーを利用する高空風力発電が研究されている[44]．軽量かつ強靭な紐（テザー）を用いて，風車のついた凧や気球などを空に浮かばせて発電を行ったり，グライダーを8の字状に飛行させて，地上においたウインチ（巻取機）をテザーの出し入れによって回転させて発電機を回すなどの様々な手法が検討・研究されている．図3・8は，オランダのAmpyx Power社[45]によるグライダー（aircraft）とテザー（tether）を利用した高空風力発電の方法を示した図である．図3・8(a)は新しいグライダーのモデルであり，その翼幅は12 mある．このグライダーにテザーをつけて，図3・8(b)，(c)に示すよう

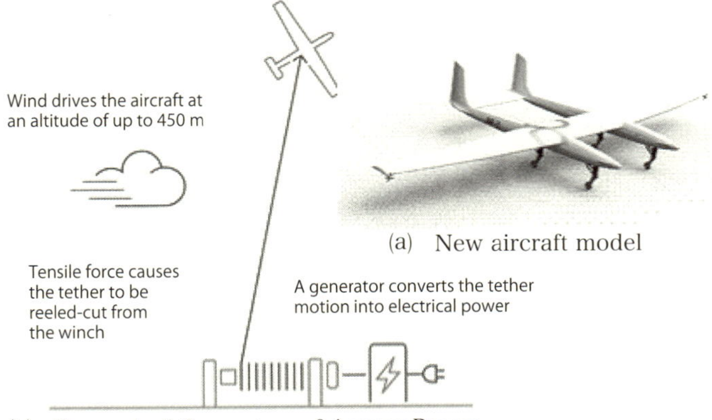


(a)　New aircraft model

(b)　Concept of the system of Ampyx Power

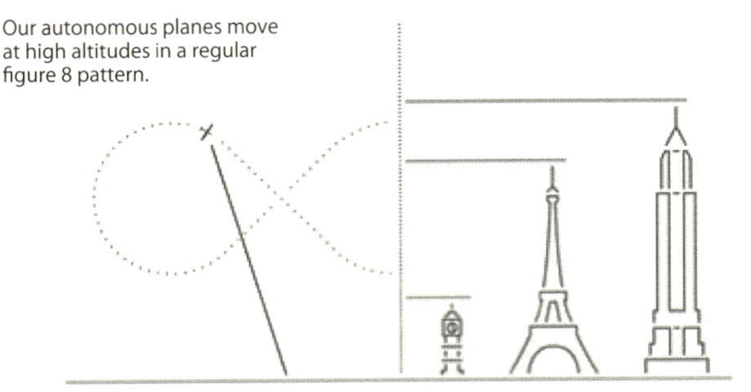


(c)　Image of movement of the aircraft for power generation

図3・8　グライダーを8の字飛行させる高空風力発電[45]

に，高度450 mから600 mくらいで8の字飛行させ，高空にある広い領域から風力エネルギーを得る．これまでの実験で1日10時間の50 kW発電に成功しているという報告があり[46]，メガワット級の発電を目指して研究が進められている．

### (vi)　浮体式洋上風力発電

日本近海は陸から離れるとすぐに水深が深くなるため，浅瀬が続く北欧の海域で多数導入されている着床式（海底に作った基礎の上に風車タワーを建設する方式）の洋上風力発電の日本の海への導入は限られたものになる．そのため，海上に浮かせるタイプの浮体式洋上風力発電の開発が進められている．図3・9は福島県沖で実証実験が行われている5 MWの浮体式洋上風力発電設備「ふくしま浜風」[47]である．浮体の低コスト化など様々な課題があるが，洋上にある莫大な風力エネルギーの利用は将来の日本のエネルギー源として重要であり，日本が誇る高い技術力で世界のトップに立つ可能性がある浮体式洋上風力発電の開発には大きな期待が寄せられている．

図3・9　浮体式洋上風力発電設備「ふくしま浜風」
（写真提供：福島洋上風力コンソーシアム）

## 3.3　教育

風力発電は，機械工学と電気工学を柱として，工学の広い範囲の知識を現実の技術課題の解決のために適用して，世界規模のエネルギー不足，環境問題の改善に寄与するという点で，教育的にも重要なトピックである．実際，文部科学省のチューニング情報拠点が事務局を務める「テスト問題バンクの取組」において，風力発電が問題サンプルとして公開され，風車の写真が同取組のリーフレット[48]を象徴的に飾っていることからも，風力発電への注目度の高さがうかがえる．しかし，実際の風車システムはあまりにも複雑であるために，これを題材とした教育の機会は限られている．本書は，中高生や自然科学（応用科学）に興味をもつ一般の読者を対象としているので，基礎的な技術の解説や実際の風力発電装置の紹介のみではなく，教育についても考えるきっかけを提供したい．そのために，本章では大学における最先端の風車研究に加えて，風力発電に関連する教育例を紹介する．

### (i)　大学における風力発電研究と教育

九州大学の風レンズ研究グループによって開発された「風レンズ

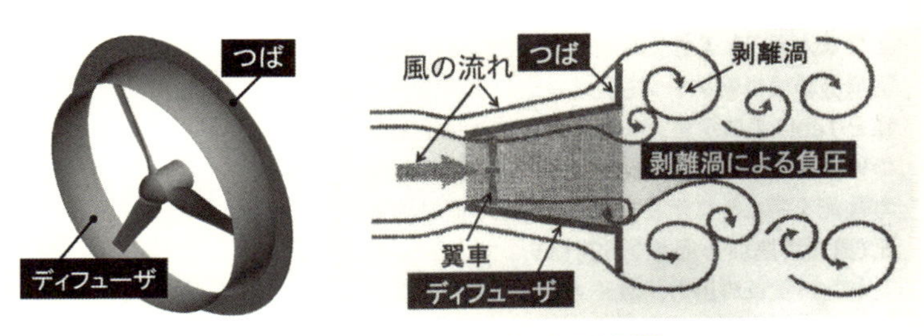


図3・10　レンズ風車（九州大学）
（九州大学　大屋裕二教授，古川雅人教授のご厚意による）

風車」は「つば付きディフューザ」によって最大約5倍の風車出力を得るものである[49]．九州大学応用力学研究所風工学研究室にはレンズ風車（図3・10）のデモ機があり，風レンズを取り付けると，表示電力が上がることを確認することができる[50]．同研究室では，小さな風車を同一構造物上に複数並べたマルチロータ風車に，風レンズ技術を応用した研究もなされている[51]．

鳥取大学では，小形風車の低コスト化を目指して，垂直軸風車の研究開発が精力的に行われている．平成27年度の鳥取県産学共同事業化プロジェクト支援事業においては，鳥取大学と鳥取県内外の企業4社が共同体を構成し，2年の期間で，図3・11(a)，(b)に示すバタフライ風車を開発している[52]．この風車はロータ直径が7 mであり，アルミ合金の押出で製作した三角形に近いループ状に閉じた翼を5枚持っている．特徴は，ロータの中央部に図3・11(c)に示す機械式の過回転抑制機構があり，強風時に風車が高速に回転すると，翼に働く遠心力を利用して翼を傾斜させて回転数の増加を抑制することである．高風速状態においてもほぼ一定の回転数で発電を継続させることで，風車の設備利用率を高めて，発電コスト低減を目指している．

鳥取大学大学院持続性社会創生科学研究科（博士前期課程）では，再生可能エネルギー特論が開講され，風力発電の歴史や現状，風車の

(a)　低速回転時

(b)　高速回転時

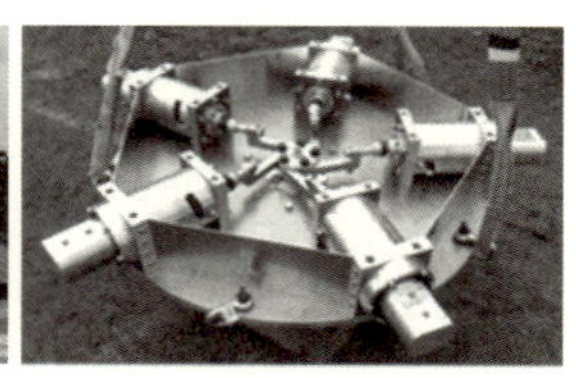

(c)　過回転抑制機構

図3・11　バタフライ風車（鳥取大学）

基礎知識から風車性能を予測する理論的手法までを含めた風車に関する広範な知識が教授されている．

また，鳥取大学では，科学技術振興機構（JST）が主催した高校生対象の先進的科学技術体験合宿プログラム「サイエンスキャンプ」に，平成15年から平成26年までの12年間にわたり実施機関として参加した．このイベントでは「体験しよう！風力発電の技術」と題して，毎年冬休みの3日間に高校生を十数名受入れ，1日目には鳥取県内の大形風車や鳥取砂丘にある乾燥地研究センターの見学を行った．2日目には「風車はなぜ回るのか？」や「発電の原理」について学んだあと，県内業者が製造・販売している垂直軸形風車の風力発電教材を水平軸形風車に改造したキットを，半田ごてなどを使用して参加者各自が組立てを行った．バルサ材を削って風力発電機の翼を各自が工夫して製作し，良い性能を目指して互いに競争することができる内容になっていた．出来上がった風力発電機は風洞実験を行い，回転数や発電量を計測して，3日目に高校生が実験結果をプレゼンテーションする盛りだくさんなプログラムであった．このプログラムで使用された教材は，後述する香川高等専門学校の風車教育でも使用され，3D-CAD/3D-Printerを活用するなどの，さらなる改良が図られている．

### (ii) 高専における風力発電教育

図3・12は，2017年3月末現在の都道府県別風力発電導入量[53]である．冬に風の強い島根県にある松江高専では，前述した風車冬季雷対策に関する実験を行っている．

落雷対策としてブレード先端部には，受雷部としてレセプターが設けられている．レセプターに導かれた雷電流はブレード内部を通ってアースに導かれる．これにより事故を低減している．松江高専で

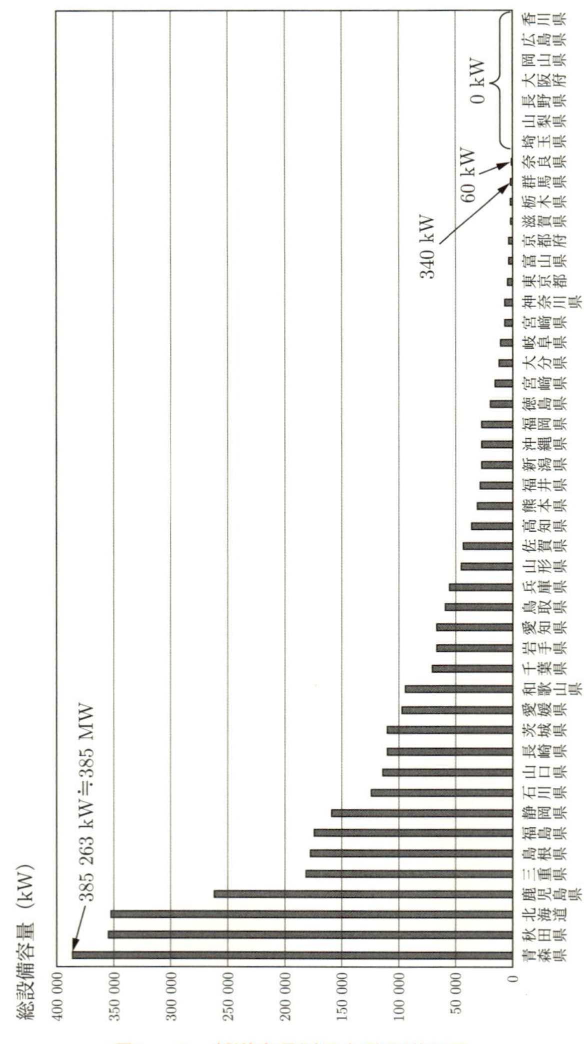


図3・12　都道府県別風力発電導入量

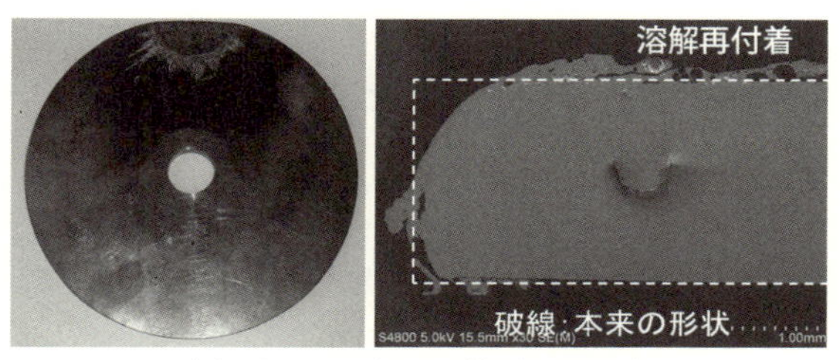


(a)　銅レセプター（従来のもの）

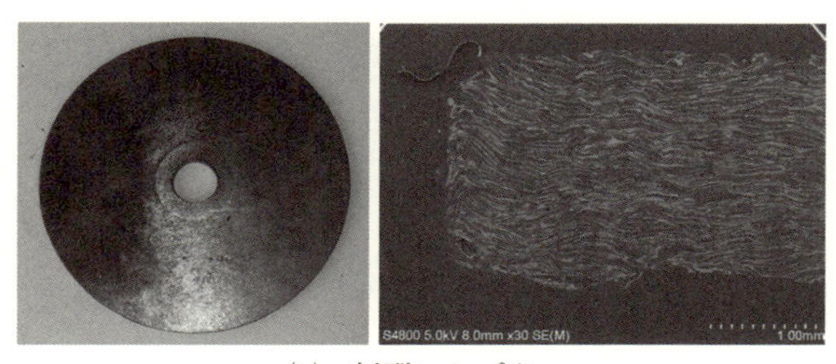


(b)　新型レセプター

**図3・13　高性能レセプターの開発**

は，落雷をレセプターに導くため，ブレード表面における雷の進展について研究を行っている．また，落雷による大電流がレセプターを介してアースへと導かれる際，レセプターの温度が急激に上昇し金属の融点を超え融解する場合がある．そこで，産学官連携でレセプターの新素材として銅の熱伝導の1.5倍の性能を有する複合材料を開発し実証試験を行っている（図3・13）．

松江高専では，風力発電を含め各種エネルギー教育を実施し，エネルギー教育賞（最優秀賞）を受賞している．

2017年3月末現在，7府県の風力発電導入量が0 kWである．このうち，香川県にある，香川高等専門学校機械工学科では，流体力学の授業に風車教育が取り入れられている．具体的には，3D-Printer

で造形した図3・14のようなブレードを，鳥取大学で開発された前述の水平軸風車教材に取り付け，発電量や回転数を学生が計測するというものである．

加えて，プロペラ風車模型（直流），サボニウス風車模型（交流）を，低乱風洞（図1・17を測定した風洞）によって発生させた一様流の中に置いたとき，2編で説明したような特性（たとえば回転数，トルク（起動性），出力，ソリディティ）の違いなどを理解できるような解説も授業に取り入れられている．図3・15はその風洞実験風景と発電電圧のオシロ波形例である．

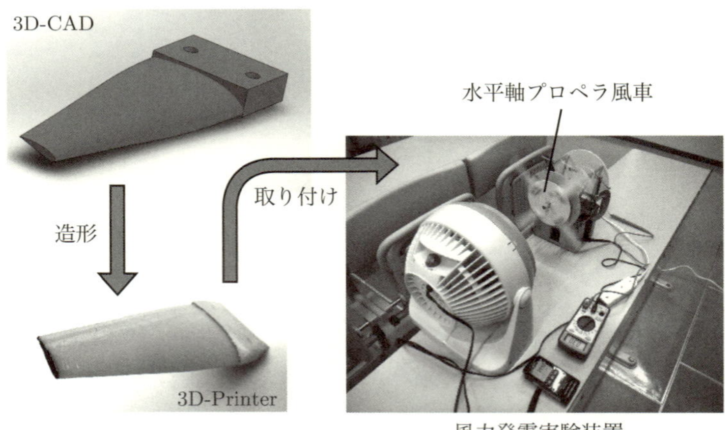


図3・14　風力発電システム教材（香川高専）

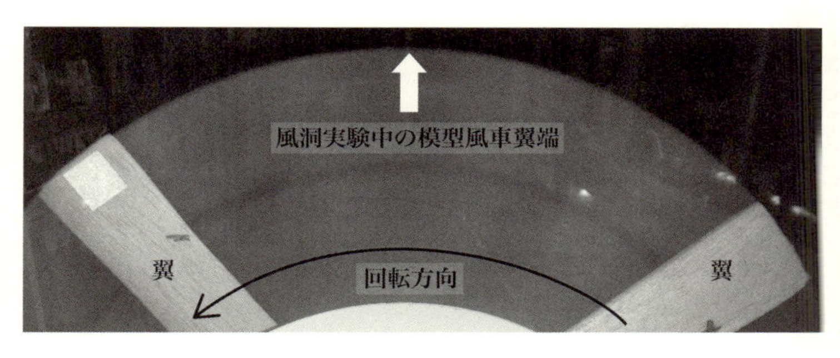


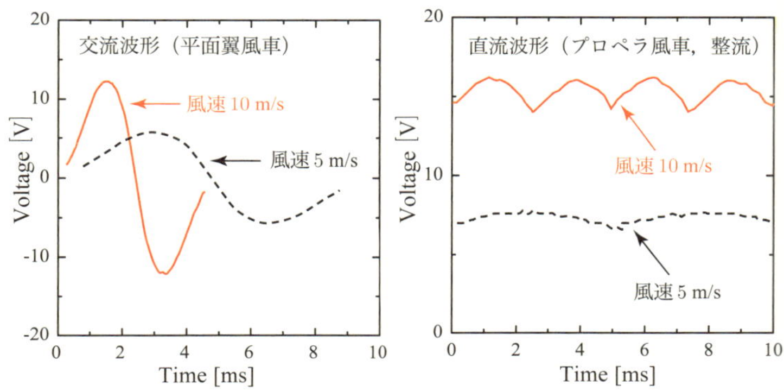


図3・15　教材風車の風洞実験風景と発電電圧のオシロ波形（香川高専）

# ～巻末付録～<br>運動量理論による２編式(8)の導出

ここでは，2.3において風車の理論最大効率（ベッツ限界）を求めた際に使用した運動量理論から得られる重要な関係式（2編式(8)）を導出してみよう．そのためには，流体力学の知識としてベルヌーイの定理[9]を用いる必要がある．ベルヌーイの定理は，粘性が無い非圧縮性流体で成り立つ関係であり，力学のエネルギー保存則に相当する．簡単にいうならば，単位体積の流体が持っている圧力エネルギーに相当する静圧（$p$）と運動エネルギーに相当する動圧（$0.5\rho V^2$）の和（全圧）が流線に沿って一定に保たれるということであり，次式で表現される．

$$p+\frac{1}{2}\rho V^2=(\text{静止})+(\text{動圧})=(\text{全圧})=\text{一定} \qquad (1)$$

ただし，ここでは，流体の位置エネルギーは変化しないものと仮定して，式(1)には含めていない．

2.3の図2・16において示したように，風車（アクチュエータ・ディスクとしてモデル化）を通過する空気の流れは，上流から下流に向かって減速する．したがって，ベルヌーイの定理に従えば，速度が減少した分だけ，圧力は増加することになる．図A・1には，風車の上流側と下流側における静圧の変化を赤色の点線で示している．また，図A・2では，風車の前後における動圧と静圧および全圧の変化の様子を模式的なグラフで示してある．風車から十分に離れた場所では静圧はどこでも等しく，大気圧$p_0$になっていることを仮定していることに注意してほしい．したがって，風車の上流遠方から風車の直前に徐々に近づいていくならば，全圧は $p_0+0.5\rho V_0{}^2$ の一定値を保ちつつ，静圧 $p$ は単調に増加して風車直前で大気圧 $p_0$ よりも高い圧力 $p_+$ になっている。一方，風車の下流

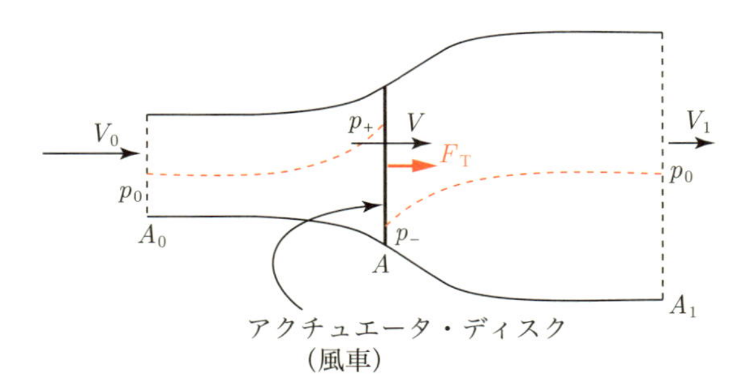


図A・1　静圧 $(p)$ の変化および風車が流れから受ける力 $F_T$

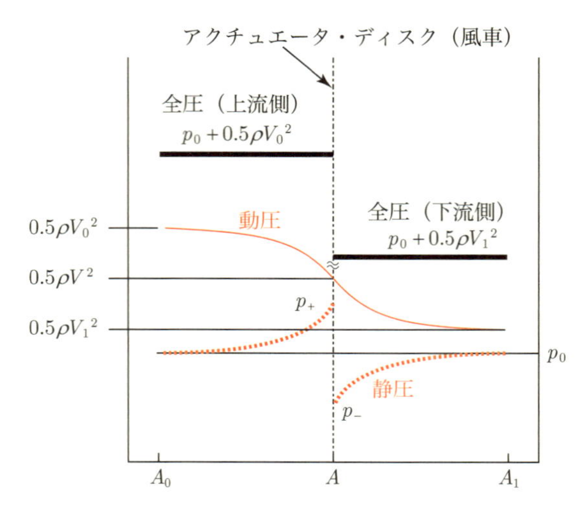


図A・2　風車前後の動圧・静圧・全圧の変化

遠方から風車の直後まで流れに逆らって徐々に近づいていくならば，全圧は$p_0 + 0.5\rho V_1{}^2$の一定値を保ちつつ，静圧$p$は単調に減少して風車直後では大気圧$p_0$よりも低い圧力$p_-$になっていることがわかるであろう．つまり，アクチュエータ・ディスク（風車）の前後において，静圧の差$\left(p_+ - p_-\right)$が生じていることになる．風車の上流側と下流側のそれぞれにおいて，ベルヌーイの定理式(1)を用いるならば，風車の上流側では，

$$p_0 + \frac{1}{2}\rho V_0{}^2 = p_+ + \frac{1}{2}\rho V^2 \tag{2}$$

となり，下流側では，

$$p_0 + \frac{1}{2}\rho V_1{}^2 = p_- + \frac{1}{2}\rho V^2 \tag{3}$$

となっている．式(2)から式(3)を差し引くと静圧の差が得られるので，それに受風面積$A$をかけると風車が空気流（すなわち風）から受ける力$F_\mathrm{T}$[N]が次式(4)によって表されることがわかる．

$$F_\mathrm{T} = \left(p_+ - p_-\right)A = \frac{1}{2}\rho A\left(V_0{}^2 - V_1{}^2\right) \tag{4}$$

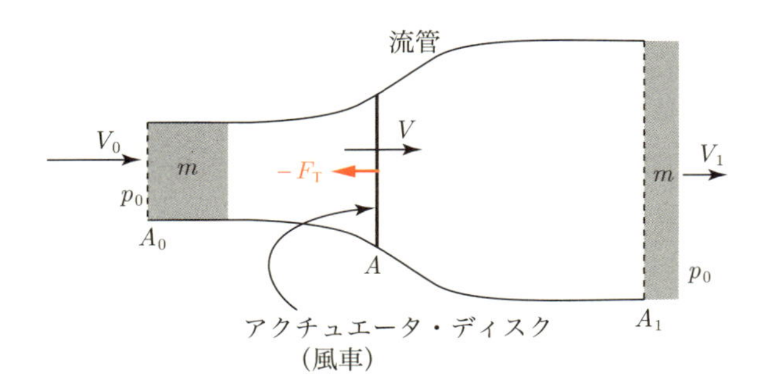


図A・3　アクチュエータ・ディスクを通る流管内の流体に働く力

風車は流体（空気の流れ）から力 $F_{\mathrm{T}}$ を受けるが，作用と反作用の関係から，流体は風車から同じ大きさで逆向きの力 $-F_{\mathrm{T}}$ を受ける（マイナスの符号は流れの方向と力の向きが反対であることを意味する）．図A・3には，流体からみた場合の力の方向を描いてある．

さて，ニュートンの運動法則 $F = ma$ を思い出してみよう．ここで $m$ は物体の質量であり，$a$ は運動の加速度である．加速度 $a$ を時間 $\Delta t$ と運動量が変化する間の速度変化 $\Delta V$ で表すならば，$a = \Delta V / \Delta t$ と表記できるので，ニュートンの運動法則は，$F = m\Delta V / \Delta t$ あるいは $F\Delta t = m\Delta V$ とも表現できる．これは運動量変化（$m\Delta V$）が力積（$F\Delta t$）に等しいことを表している（力積は力とその作用している時間の積）．

図A・3に戻ると，流体が単位時間（$\Delta t = 1$[s]）に風車から受ける力積 $-F_{\mathrm{T}}\Delta t = -F_{\mathrm{T}}$ [Ns] は，ニュートンの運動法則から，単位時間当たりの「流管内にある流体」の運動量の変化に等しくなければならない．ここで，「流管内にある流体」とは，図A・3において，上下の曲線で示した流管の側面と左右の破線で示した遠方上流断面および下流遠方断面で囲まれた体積内の流体全体である．

単位時間に流管内の任意の断面を通過する流体の質量（質量流量）を $m$[kg/s] として，ある瞬間の「流管内にある流体」が単位時間後に移動した状態を考える．この場合，流管の下流部から単位時間に端部を押し出して増える運動量は $mV_1$ であり，上流部から単位時間に流管内部に押されて減少する運動量は $mV_0$ であって，その変化量は（$mV_1 - mV_0$）である（図A・3の流管内部の色を付けていない部分の流体は流れてはいるが運動量の変化はない部分とみなせる）．この運動量変化と力積（$-F_{\mathrm{T}}$）が等しいことから，力 $F_{\mathrm{T}}$[N] は式(5)と表すこともできる[6], [9]（なお，「流管内にある流体」はその領域の周囲から圧力を受けているが，図A・3の場合は周囲圧力による力の総和はゼロになるため，式(5)の左辺は流体内部で作用する力$F_T$のみとなる).

$$F_T = m(V_0 - V_1) \tag{5}$$

2.3の式(7)を用いて，上式右辺の質量流量$m$を$m = \rho AV$で置き換えると，

$$F_T = \rho AV(V_0 - V_1) \tag{6}$$

となる．この力$F_T$は式(4)と同じものであるので，式(4)と式(6)を等号で結べば，本付録で目的とした式(7)が得られる[6],[9].

$$V = \frac{V_0 + V_1}{2} \tag{7}$$

ここまでの導出過程からわかるように，運動量変化が力積に等しいという物理学(力学)における基本法則(ニュートンの運動法則)を用いて，2編式(8)[付録の式(7)]という一見単純であるが重要な関係式を導出しているので，この関係式に基づく理論は運動量理論と呼ばれる.

# 参考文献


[1] 経済産業省：『日本のエネルギーのいま，視点1：「3つのE」と「一つの大きなS」』，http://www.meti.go.jp/policy/energy_environment/energy_policy/energy2014/seisaku/index.html，2018年7月アクセス．

[2] 箕田充志，橋口清人，松原孝史，門脇健，高田英治，田辺茂：『よくわかる発変電工学』，電気書院，p.16，2012年．

[3] 関井康雄，脇本隆之：『エネルギー工学』，p.12，電気書院，2011年．

[4] 経済産業省，http://www.meti.go.jp/press/2017/03/20180323006/20180323006.html，2018年7月アクセス．

[5] 山本孟，鈴木正義，高橋参吉：『発変電工学』，コロナ社，pp.8-11，2002年．

[6] 牛山泉：『風車工学入門　第2版』，森北出版，pp.21, 24, 60-64, 128-133, 173，2013年．

[7] 牛山泉：『トコトンやさしい風力発電の本』，日刊工業新聞社，pp.20-21, 28, 70-71, 81, 108-109，2013年．

[8] 新エネルギー・産業技術総合開発機構（NEDO）：局所風況マップ，http://app8.infoc.nedo.go.jp/nedo/index.html，風車の構造，http://www.nedo.go.jp/fuusha/kouzou.html，2018年7月アクセス．

[9] 福島千晴，亀田孝嗣，上代良文，宇都宮浩司，角田哲也，大坂英雄：『流体力学の基礎と流体機械』，共立出版，pp.5, 16, 35, 71, 159-162, 2015年．

[10] 大坂英雄，藤田重隆，一宮昌司，望月信介，宇都宮浩司，福島千晴，亀田孝嗣，上代良文：『流体工学の基礎』，共立出版，pp.106-110, 2012年．

[11] 鈴木邦夫：『風はどこから吹いてくる』，大月書店，pp.8-9，2016年

[12] Shepherd, D.G., Historical Development of the Windmill. In D.A. Spera（Ed.）, Wind turbine technology（pp.1-46）. New York: ASME Press，1994.

[13] Hau, E.，Wind-turbines: Fundamentals, technologies, applications, economics. Berlin Heidelberg: Springer-Verlag，2000.

[14] http://natgeo.nikkeibp.co.jp/atcl/news/16/b/01700047，2018年7月アクセス．

[15] 松岡憲司：『風力発電機とデンマーク・モデル：地縁技術から革新への途』，新評論，2004.

[16] 牛山泉：『風力発電の歴史・その11：〜日本における風力発電の歴史〜，日本太陽エネルギー学会誌』，Vol.37, No.5, pp.51-62，2011.

[17] ジョン・D・アンダーソン Jr.著，織田 剛 訳：『空気力学の歴史』，京都大学学術出版会，2009.

[18] 牛山泉：『風力発電発祥の地：ポール・ラクール博物館を訪ねて』，日本風力エネルギー学会誌，Vol.35, No.3, pp.68-73，2011.

[19] 牛山泉：『人と生活に優しい小型風車の意義，日本風力エネルギー協会誌』，Vol.32, No.3, pp.7-12，2008.

[20] Divone, L.V., Evolution of Modern Wind Turbines. In D.A. Spera（Ed.）, Wind turbine technology（pp.73-138）. New York: ASME Press，1994.

[21] 牛山 泉：『風力発電の歴史：その12』，日本太陽エネルギー学会誌，Vol.37, No.6, pp.55-75，2011.

[22] 新エネルギー・産業技術総合開発機構（NEDO）：風車の構造，http://www.nedo.go.jp/fuusha/kouzou.html，2018年7月アクセス.

[23] オランダ風車博物館 Molenmuseum De Valk, Leiden, https://molenmuseumdevalk.nl/ja/，2018年6月アクセス.

[24] 西野宏，林健太郎，細谷浩之，柴田昌明：『風力発電システムの騒音低減技術』，ターボ機械，35巻，10号，pp.624-629，2007年.

[25] 新エネルギー・産業技術総合開発機構（NEDO）：風力発電導入ガイドブック，http://www.nedo.go.jp/library/pamphlets/ZZ_pamphlets_08_3dounyu_fuuryoku2008.html，2018年7月アクセス.

[26] 牛山泉：『風力エネルギーの基礎』，オーム社，pp.46, 53, 96，2006年.

[27] 西山哲男：『翼型流れ学』，日刊工業新聞社，pp.18, 56，1998年.

[28] 東昭：『流体力学』，朝倉書店，pp.144-145, 159-163，1993年.

[29] 平成28年度エネルギーに関する年次報告（エネルギー白書2017PDF版），経済産業省　資源エネルギー庁，平成29年6月2日，第193回国会（常会）提出，http://www.enecho.meti.go.jp/about/whitepaper/2017pdf，2018年7月アクセス.

[30] 第5回風力発電施設に係る環境影響評価の基本的考え方に関する検討会資料，資料2-3，平成23年2月14日，http://www.env.go.jp/policy/assess/5-2windpower/wind_h22_5/mat_5_2-3.pdf，2018年7月アクセス.

[31] 環境アセスメント制度のあらまし（環境省パンフレット）http://www.env.go.jp/policy/assess/1-3outline/img/panph_j.pdf，2018年7月アクセス．

[32] 高田吉治，冬季雷と雷対策，第29回30周年記念　風力エネルギー利用シンポジウム，平成19年11月，pp.191-194，http://www.jstage.jst.go.jp/article/jweasympo1979/29/0/29_0_191/_article/-char/ja/，2018年7月アクセス．

[33] 安田陽，風力発電の雷害対策の最新動向，日本風力発電協会，2015 http://jwpa.jp/2015_pdf/88-35tokushu.pdf，2018年7月アクセス．

[34] 与那国風力発電所の事故について（報告），～H27年台風21号による被害とその原因について～，沖縄電力，経済産業省審議会資料（PDF）http://www.meti.go.jp/committee/sankoushin/hoan/denryoku_anzen/newenergy_hatsuden_wg/pdf/007_06_00.pdf，2018年7月アクセス．

[35] 電気事業連合会ホームページ，電力システム改革，発送電分離，http://www.fepc.or.jp/enterprise/kaikaku/bunri2/index.html，2018年7月アクセス．

[36] 環境省委託事業，平成22年度再生可能エネルギー導入ポテンシャル調査（報告書），第4省　風力発電の賦存量および導入ポテンシャル，p.85，平成23年3月，http://www.env.go.jp/earth/report/h23-03/full.pdf，2018年7月アクセス．

[37] 三菱重工　Press Information，第5617号，2015年，http://www.mhi.co.jp/news/story/1502055617.html，2018年7月アクセス．

[38] 三菱重工グラフ　MHI NEWS!，No.171, 2013年．http://www.mhi.co.jp/discover/graph/news/no171.html，2018年7月アクセス．

[39] NEDO News Release 2017年9月29日，http://www.nedo.go.jp/news/press/AA5_100843.html，2018年7月アクセス．

[40] 木村龍治訳（ジョン・ダビリ），風力発電の発電効率を上げる魚群の流体力学，パリティ，30巻8号，2015年8月号，pp.49–51．

[41] フォーブス社ホームページ，https://www.forbes.com/sites/jeffmcmahon/2016/04/29/stanford-small-wind-arrays-can-outperform-conventional-wind-farms-with-no-bird-kill/#77e9545e592a，2018年7月アクセス．

[42] Iowa State University, Advanced Flow Diagnostics and Experimental Aerodynamics Laboratory, http://www.aere.iastate.edu/~huhui/Album.html，2018年7月アクセス．

[43] W. Tian, A. Ozbay, X. D. Wang, H. Hu, Experimental investigation on the wake interference among wind turbines sited in atmospheric boundary layer winds, Acta Mech. Sin., Vol.34, No.4, pp.742-753, 2017, DOI 10.1007/s10409-017-0684-5.

[44] 藤井裕矩，丸山勇祐，大久保博志，草谷大郎，テザーを用いた風力発電について（機能試験），第38回風力エネルギー利用シンポジウム，pp.490-493，2016年.

[45] Ampyx Power社ホームページ，https://www.ampyxpower.com，2018年7月アクセス.

[46] 藤井裕矩，大久保博志，新川和夫，草谷大郎，Rob Stroeks，高橋泰岳，遠藤大希，渡部武夫，丸山勇祐，中嶋智也，浅生利之，関和市：『高空風力発電の紹介』，日本風力エネルギー学会誌，Vol. 39, No. 4, pp.543-553，2015年.

[47] ジャパン　マリンユナイテッド株式会社ホームページ，http://www.jmuc.co.jp/rd/review/pdf/VOL1_b3_wpg.pdf，2018年7月アクセス.

[48] チューニングによる大学教育のグローバル質保証ーテスト問題バンクの取組ー《工学分野》リーフレット，http://www.nier.go.jp/tuning/centre.html，2018年7月アクセス.

[49] 古川雅人：『大学発の新型風車の開発，ターボ機械』，39巻，1号，pp.20-25，2011年.

[50] 山田ふしぎ：『「若手の会」年次大会奮戦記，日本機械学会誌』，120巻，1178号，pp.30-35，2017年.

[51] 九州大学応用力学研究所風工学研究室，https://www.riam.kyushu-u.ac.jp/windeng/index.html，2018年7月アクセス.

[52] Y. Hara, K. Tagawa, S. Saito, K. Shioya, T. Ono, K. Makino, K. Toba, T. Hirobayashi, Y. Tanaka, K. Takashima, S. Sasaki, K. Nojima, S. Yoshida, Development of a Butterfly Wind Turbine with Mechanical Over-Speed Control System. Designs 2018, Vol.2, 17, DOI.org/10.3390/designs2020017.

[53] 新エネルギー・産業技術総合開発機構（NEDO）：日本における都道府県別風力発電導入量の一覧表，http://www.nedo.go.jp/library/fuuryoku/reference.html，2018年7月アクセス（データを基に，本書の図を著者が作成）.

# 索　引

## た



## な



## は

## ま



## や



## ら



## わ

# おわりに

『スッキリ！がってん！　風力発電の本』をお手にとっていただきありがとうございます．本書は，着想から2年数ヶ月をかけて，電気（高電圧工学），風車工学（エネルギー），機械（流体力学）あるいは教育工学を専門とする著者3名が，それぞれの得意分野と国内外のネットワークをフルに活用して生まれたものです．高校生の皆さんはもちろん，理科や科学技術に関心のある小・中学生から一般の方々，専門書は少し敷居が高いと感じる低学年の大学生，あるいは，要点を再確認なさりたい技術者の皆様にも，写真を楽しみながらご満足いただける内容となっています．

本書の執筆にあたり，国内外の優れた文献，写真，ホームページあるいはホットな話題を，読者ご自身で入手または確認できるよう，文献の引用ページやホームページアドレスの明記に，特に力を注ぎました．本書には，著者自身が風力発電の現場に足を運んで得た情報のほか，各種の機関や専門家に直接連絡をとって入手した貴重な最新情報がふんだんに含まれています．また，工夫を凝らしたオリジナルの絵や写真も随所にあり，要点をスッキリと理解していただけるでしょう．巻末にある索引のキーワードを頼りに，風力発電に関する，なぜ「羽根」が回るの？，どうやって「発電」できるの？といった疑問への答えだけでなく，読者の皆様が身近なエネルギー問題について考えを深め，積極的にかかわっていくための小さなヒントを見つけられることを願っています．

本書の執筆に際して，次の方々に深く感謝申し上げます（主に掲載ページ順）．

・ご著書から多数の内容を引用させていただき，多くの写真・原稿・スライドをご提供いただいた足利工業大学理事長・特任教授牛山泉博士.
・ポール・ラ・クール風車に関して貴重な情報をご提供いただいた龍谷大学教授松岡憲司博士，世界最初の高速風車の写真掲載許諾をいただいたPoul la Cour FondenのBjarke Thomassen様.
・アグリコ風車の掲載許諾をいただいたDanish Museum of EnergyのJytte Thorndahl様.
・ダリウス風車について情報提供をいただいたPolytechnique Montreal教授Ion Paraschivoiu博士，Les Consultants EOLETECH S.Q. Inc. Saeed Quraeshi様.
・ギアレス風車のナセル内見学許可と著者撮影写真・会社資料の輸出貿易審査・利用許諾手続きをいただいた，株式会社日本製鋼所風力製品部鈴木潤様，部長武藤厚俊博士，真喜屋実寛様.
・オランダ風車博物館De Valkの著者撮影写真の掲載許諾をいただいたHennie van der Lelie様.
・ねじり付きテーパ翼教材の3D-Printer出力にご協力いただいた，香川高等専門学校専攻科（学士課程）大塚滉也様，同校講師石井耕平博士.
・鳥取放牧場風力発電所見学説明と著者撮影写真の掲載許諾をいただいた，鳥取県企業局東部事務所田中和也課長補佐様.
・電撃試験と電界強度について情報提供，使用許諾いただいた，大同大学教授植田俊明博士，中部電力株式会社様.
・レセプター試料およびデータをご提供いただいた，株式会社守谷刃物研究所守谷吉弘様，島根県産業技術センター上野敏之博士，朝比奈秀一博士.
・高密度に配置した小形垂直軸風車のオリジナル写真を提供いただいたスタンフォード大学教授John Dabiri博士.
・デュアルロータ形水平軸風車の実験結果画像の使用許諾とオリジナル形状図をご提供いただいたアイオワ州立大学教授Hui Hu博士.

・高空風力発電について情報提供，写真提供いただいた，都立科学技術大学/首都大学東京名誉教授藤井裕矩博士，Ampyx Power社Michiel Kruijff博士，Pim Breukelman様，Willemijn Romijn-Kasteleijn様.

・浮体式洋上風力発電設備について転載許諾いただいた，ジャパン マリンユナイテッド株式会社総務部高橋良直様.

・レンズ風車について，原稿や写真をご提供いただいた，九州大学応用力学研究所特任教授大屋裕二博士，九州大学大学院工学研究院教授古川雅人博士.

最後に，本書を出版するにあたり，何度も打合わせにお付き合いいただき，引用文献の許諾申請で多大なご支援を頂戴しました電気書院の近藤知之様に感謝を申し上げます.

2018年8月　著者記す

## 著 者 略 歴

### 箕田　充志（みのだ　あつし）

1993年　豊橋技術科学大学 工学部 電気・電子工学課程卒業
1995年　豊橋技術科学大学 大学院 工学研究科 電気・電子工学専攻 修士課程修了
1998年　豊橋技術科学大学 大学院 工学研究科 電子・情報工学専攻 博士課程修了
1998年　豊橋技術科学大学 博士（工学）
1998年　松江工業高等専門学校 電気工学科 講師
2001年　松江工業高等専門学校 電気工学科 助教授
2006年　在外研究員 The University of New South Wales（オーストラリア，6ヶ月）
2007年　松江工業高等専門学校 電気工学科 准教授
2013年　松江工業高等専門学校 電気工学科（現，電気情報工学科）教授
現在に至る

### 原　豊（はら　ゆたか）

1987年　名古屋大学 工学部 電子機械工学科 卒業
1989年　名古屋大学 大学院 工学研究科 電子機械工学専攻 修士課程修了
1992年　名古屋大学 大学院 工学研究科 電子機械工学専攻 博士課程 単位取得満期退学
1992年　名古屋大学 工学部 電子機械工学科 助手
1993年　名古屋大学 博士（工学）
1995年　名古屋大学 工学部 電子機械工学科 講師
1997年　鳥取大学 工学部 応用数理工学科 助教授
1998年　在外研究員 Syracuse University（アメリカ，10ヶ月）
2007年　鳥取大学 工学部 応用数理工学科 准教授
2008年　鳥取大学 大学院 工学研究科 機械宇宙工学専攻 応用数理工学講座 准教授
2018年　鳥取大学 学術研究院 工学系部門 准教授
工学部（勤務）大学院 持続性社会創生科学研究科 工学専攻（兼坦）
現在に至る

### 上代　良文（じょうだい　よしふみ）

1993年　長岡技術科学大学 工学部 創造設計工学課程 卒業
1995年　長岡技術科学大学 大学院 工学研究科 機械システム工学専攻 修士課程 修了
1995年　三菱重工業株式会社 入社
1999年　高松工業高等専門学校 機械工学科 助手
2000年　高松工業高等専門学校 機械工学科 講師
2006年　徳島大学 特別研究員（12ヶ月）
2008年　徳島大学 大学院 工学研究科 マクロ制御工学専攻 博士後期課程 修了
2008年　徳島大学 博士（工学）
2008年　高松工業高等専門学校 機械工学科 准教授
2009年　香川高等専門学校 機械工学科 准教授
2012年　長岡技術科学大学 客員准教授（現在に至る）
2013年　在外研究員 Delft University of Technology（オランダ，12ヶ月）
現在に至る

スッキリ！がってん！　風力発電の本

2018年 8月27日　　第1版第1刷発行

著者　箕田充志（みのだ あつし）
原　豊（はら ゆたか）
上代良文（じょうだい よしふみ）

発行者　田中久喜

発行所
株式会社 電気書院
ホームページ　www.denkishoin.co.jp
（振替口座　00190-5-18837）
〒101-0051　東京都千代田区神田神保町1-3ミヤタビル2F
電話(03)5259-9160／FAX(03)5259-9162

印刷　中央精版印刷株式会社
Printed in Japan／ISBN978-4-485-60034-4



[本書の正誤に関するお問い合せ方法は，最終ページをご覧ください]

# 専門書を読み解くための入門書

## スッキリ！がってん！シリーズ

### スッキリ！がってん！ 無線通信の本

ISBN978-4-485-60020-7
B6判167ページ／阪田　史郎［著］
定価＝本体1,200円＋税（送料300円）

無線通信の研究が本格化して約150年を経た現在，無線通信は私たちの産業，社会や日常生活のすみずみにまで深く融け込んでいる．その無線通信の基本原理から主要技術の専門的な内容，将来展望を含めた応用までを包括的かつ体系的に把握できるようまとめた1冊．

### スッキリ！がってん！ 二次電池の本

ISBN978-4-485-60022-1
B6判136ページ／関　勝男［著］
定価＝本体1,200円＋税（送料300円）

二次電池がどのように構成され，どこに使用されているか，どれほど現代社会を支える礎になっているか，今後の社会の発展にどれほど寄与するポテンシャルを備えているか，といった観点から二次電池像をできるかぎり具体的に解説した，入門書．

# 書籍の正誤について

万一，内容に誤りと思われる箇所がございましたら，以下の方法でご確認いただきますようお願いいたします．

なお，正誤のお問合せ以外の書籍の内容に関する解説や受験指導などは**行っておりません**．このようなお問合せにつきましては，お答えいたしかねますので，予めご了承ください．

## 正誤表の確認方法

最新の正誤表は，弊社Webページに掲載しております．「キーワード検索」などを用いて，書籍詳細ページをご覧ください．

正誤表があるものに関しましては，書影の下の方に正誤表をダウンロードできるリンクが表示されます．表示されないものに関しましては，正誤表がございません．

**弊社Webページアドレス**
**http://www.denkishoin.co.jp/**

## 正誤のお問合せ方法

正誤表がない場合，あるいは当該箇所が掲載されていない場合は，書名，版刷，発行年月日，お客様のお名前，ご連絡先を明記の上，具体的な記載場所とお問合せの内容を添えて，下記のいずれかの方法でお問合せください．
回答まで，時間がかかる場合もございますので，予めご了承ください．

**郵便で問い合わせる**
郵送先
〒101-0051
東京都千代田区神田神保町1-3
ミヤタビル2F
㈱電気書院　出版部　正誤問合せ係

ファクス番号　**03-5259-9162**

弊社Webページ右上の「**お問い合わせ**」から
**http://www.denkishoin.co.jp/**

**お電話でのお問合せは，承れません**

（2015年10月現在）